科学大门由此开启……

前　言

美好的星空梦

日月经天，斗转星移，星空灿烂，天象奇妙，令人叹赏，激发着无数人去探索其中蕴含的奥秘。

20世纪以来，科学技术向全世界广泛传播的步伐越发加快。因为天文概念和思想是普遍需求的，有着特殊魅力的天文学与民众感兴趣的基本问题形成共鸣，天文学的新发现和新成果也往往成为轰动社会的热门话题。所以，天文学尤其有潜力为提高民众的科学素养作出重要贡献。普及天文知识，有益于培养民众正确的宇宙观、认识论和方法论，促进形成崇尚科学、破除迷信的社会氛围，以及讲科学、爱科学、学科学、用科学的良好风尚。

现代科学技术推动着社会的发展进步，但烟尘污染和城镇亮化也成为观星的阻碍，导致夜空不见银河，可见的星辰屈指可数。不过，可以通过书刊、网络等媒体来间接知道更多的"天上事"。在青少年成长时期，学习一些天文知识是大有裨益的，有益于激发他们探索创新的无穷动力和蓬勃活力。

笔者是童年失去父母的乡下人，在旧社会饥寒交迫的孤独时日，叔叔送了笔者一个土制望远镜。正是通过这个"玩具"，笔者由近及远，从观察树上花鸟，到瞭望远山宝塔，眼界渐开，尤其是把观望夜空里交相辉映的银河繁星当成趣事，梦中向往着那神秘的星球世界。1949年后，在国家的培养下，可以到学校学习科学知识了，也有机会考入大学天文学专业，继续探索星空的奥秘。但现实条件所限，笔者经历了很多坎坷和磨难。退休十多年来，笔者仍然难以摆脱那心中的星空梦，更想力所能及地发挥余热，让晚年生活更加有意义。而且生活安定了，时间也充裕了，可以"黑白颠倒"地读、写，在自己所学所研的基础上，发表一些文章，出版几本书。这样，也可以当当"义工"，把美好的星空梦传递给后来者。

去年春天，人民教育出版社约写青少年天文科普书籍，笔者欣然答应了，但真正着手写起来也颇有难处。过去虽然为《自然杂志》《科学》《百科全书》等写过一些文章，但主要是介绍天文学研究进展的长篇文章，内容较深。而且，目前青少年天文科普书，尤其是翻译的国外名著已相当多了。要使自己写的书做到既通俗、生动，又有先进的科学理论，图文并茂，确实比写教科书难多了。经过试写以及和编辑交流，确定将本书定位于中高级科普图书，着重介绍天文观测研究的一些基本知识和近年来的一些新成就。全套书共三册，分为九部分，各部分有若干条目，每个条目自成简明短文，配有图像。当然，对于小学到初中的学生，阅读本套书仍然难度很大，因为他们还缺乏数学、物理、天文的基础知识，但不妨看图识字，引起对天文知识的兴趣和求知意愿，也可以请家长和老师指导帮助阅读。对于高中程度的学生，尤其对理科有志趣的学生，可能会理解多些，希望可以将本套书作为喜欢的课外读物。对于家长、教师，尤其科普辅导员，本套书会比大学天文教科书通俗易懂些，可以根据理解和发挥，讲述给青少年。

　　宇宙浩瀚，天体繁多，只能星海拾贝，选取一些有趣的和重要的。现在是知识爆炸时代，新的天文发现和研究成果纷至沓来，新书应当与时俱进。笔者深感学识不足，只有辛勤学习和调研消化，日夜逐条推敲琢磨，反复修改，把体会写出来献给青少年，期望有助于大家实现美好的星空梦，是所夙愿。当然，书中缺点和错误难免，欢迎读者批评指正。

胡中为

2017 年 5 月

目　录

三、宇宙的演化 / 108

主要参考文献 / 196

一、银河系和星系

　　银河系图像，各波段不一样，结构和特征谱新章。疏散星图、球状星团，多彩的银河星云，争辉斗颜。普通星系、特殊星系，红移与哈勃定律，"宇宙岛"巡礼。星系团、超星系团，了解宇宙大尺度结构奇观。

1 银河系结构图像是怎样得出的

近些年来，先进的地面望远镜和太空望远镜大规模探测银河系，得到它的多波段高分辨资料，新的发现纷至沓来，诸如大质量的中央黑洞，比可见物质多得多的暗物质。研究揭示，银河系是比预想的更丰富、更复杂、更活跃的棒旋星系。

认识银河系的简要回顾

在远离城镇的乡野，仰望晴朗无月的夜空，可以看到一条美妙的淡白辉光带横贯天穹，这就是**银河**，我国古代又称为天河、银汉、星河等，西方人称为**牛奶路**（Milky Way）。可惜，现在的城镇居民深受光害污染，夜晚星空所见星辰屈指可数，更难得有欣赏银河妙趣的机会了。

1609年，伽利略首先用望远镜观察星空，发现银河实际上是由密集的恒星组成的，而因肉眼分辨本领不高才感觉它像一条辉光带。到18世纪，天文学家推测银河是由大量恒星组成的盘状天体系统。赫歇尔父子用望远镜进行恒星计数观测，首次绘制盘状的银河结构模型，但把太阳放在中心却是错误的。到20世纪初，天文学家把这个恒星系统称为"银河系"。1918年，沙普利注意到大多数球状星团距离银河很远，且在人马座方向的数目最多，提出银河系中心在那个方向，而太阳位于银河系外区，建立凸透镜形的银河系结构模型。这是继哥白尼的日心说之后再次破除人类处于宇宙中心的陈旧观念，意义重大而深远。一般地说，由大量恒星、星团、（气体和尘埃）星云及星际物质组成的天体系统称为"**星系**"。**银河系**就是我们地球人所在的星系。

好比"不识庐山真面目，只缘身在此山中"，处于银河系一隅的地球人很难认识银河系的全貌，尤其是看不到被星际物质遮掩的区域。受河外星系（如仙女星系）形态的启示，结合银河系的观测资料，才逐渐揭示银河系结构的真面貌。1927年，奥尔特从理论上推出银河系较差自转对恒星视向速度和银经自行的影响公式（奥尔特公式），并通过恒星视向速度的分析，证实了银河系自转。1932年，奥尔特首先综合附近恒星运动的观测资料，建立银河系的自转模型。1954年，由氢的21厘米波长射电观测得到银河系自转（随银心距）分布曲线。1958年，绘制银河系旋涡结构第一幅图像。20世纪70年代和80年代，新的地面望远镜和太空望远镜开始从微波到X射线多波段测绘银河系。1976年，绘制了银河系电离氢云的分布图，显示其旋臂分布。1993年，绘制出现代的银河系结构图。到21世纪，系统的观测程序追踪扩展到银河系大天区结构，并通过计算机模拟，重建了银河系的详细结构模型。

图1.1-1　横跨星空的银河（北半球），上图：夏季；下图：冬季

银河系结构的新模型

描述银河系的结构及恒星的空间分布和运动，更简明的是用银道坐标系。银道面是银河的中央平面。银道坐标系是在以太阳为中心的天球坐标系，由每个天体的赤道坐标（赤经、赤纬）换算得出其银道坐标（银经、银纬）。

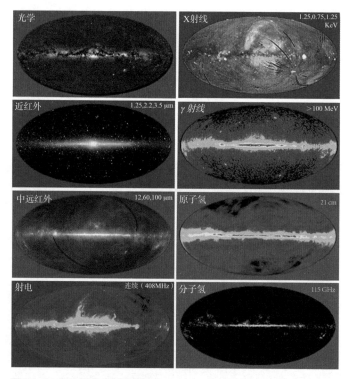

图 1.1-2　银河系的多波段图像

银河系有各类型成员，它们在各波段的辐射不同。目视观测看到的仅是银河系的可见光情况，且因星际物质消光而难以观测到远的天体，但红外、射电、X射线、伽马射线辐射易于穿透过来。为了更全面地认识银河系的结构和性质，已开展了银河系的多波段观测和综合研究。银河系的主要部分显示中间厚、外部薄的扁盘结构，称为"银盘"，直径约10万光年（30千秒差

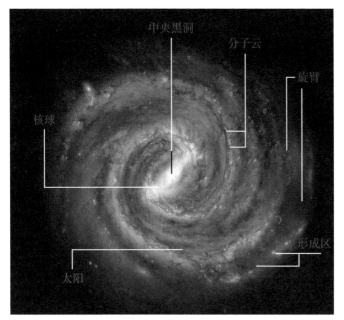

图1.1-3 银河系的棒旋结构

距），平均厚度约1 000光年（0.3千秒差距），但不同天体的分布有差别，尤其是一些球状星团远离银盘而成为"银晕"成员。

从高银纬的远处看，银盘呈中央有棒、外联旋臂的涡旋结构，因此，银河系属于棒旋星系（SBc）类，而不是过去所认为的旋涡星系。

核球和棒。银河系中央区密集老年（年龄约百亿年）恒星弥漫的空间，大致呈球状，称为核球，半径约为10 000光年，质量约达百亿$M_\odot$。近年来确证，那里有由年轻恒星组成的棒，长度为2～4千秒差距，相对于地球到银心方向的交角为15º～50º，又可分为长棒（Long Bar）和银河棒（Galactic Bar）。X射线分布与大质量恒星分布一致，但天琴RR变星不追随棒。一个所谓"5千秒差距环（Ring）"包围中央棒，该环含有银河系的很大部分分子氢及恒星形成活动。若从仙女星系看，这是银河系的最亮部分。

图1.1-4　超大质量黑洞隐藏在中右的白亮区内

银心与超大质量黑洞。银心是银河系自转的中心，在人马座方向，由不同技术得到银心距离地球约27 000光年。由于星际尘埃的遮掩，在可见光、紫外光或软X射线波段看不见银心，但在伽马射线、硬X射线、红外、亚毫米波射电波段可以获得关于银心的信息。可以人马座A*强射电源标志银心。银心周围的物质运动表明人马座A*是一个超大质量黑洞，质量为410万～450万太阳质量。气体吸积到黑洞就会释放能量。2008年，甚长基线（射电）干涉测得人马座A*的直径约为4 400万千米（0.3AU）。

2010年，费米（Fermi）伽马射线空间望远镜探测到银核南、北有两个高能发射的巨大球形泡，直径各约25 000光年。后来，帕克斯（Parkes）望远镜在射电频率确认与泡关联的偏振发射。对此最好的解释是，银河系中心640光年内恒星形成驱使的磁化外流。

旋臂。在中央棒外面，旋臂结构主要由银盘的恒星和星际物质组成，旋臂一般含有更多的恒星、星际气体和尘埃。HⅡ（电离氢）区和分子云的分布说明恒星的形成更集中在旋臂。

　　银河系的旋涡结构图还不是很确定，还在不断地被更新。理想的对数螺旋图示仅粗略地描述了太阳附近的特征，缺乏遮掩区等的观测资料，而太阳又位于局部支臂，且其他星系通常呈现旋臂也有分支、合并、意外转折和不规则的特征。在20世纪50年代，射电观测资料得出，银河系有四条旋臂：矩尺臂、南十字—半人马臂、人马臂、英仙臂。但在2008年，斯必泽（Spitzer）空间望远镜观测1.1亿颗低质量、冷恒星所获得的图像显示，矩尺臂和人马臂似乎不那么齐聚，因此，这两臂降格为"小臂"。大质量恒星寿命不长，远不如低质量恒星多见，但它们没有时间远离其产生地，因而就见于其产生地。普查的1 650颗大质量恒星的分布显示，它们大多分布在矩尺臂和人马臂。现在确认银河系有四条旋臂，并扩充了新的资料，另外增加了支臂和小旋臂。图1.1-5上标出从太阳（黄点）所见银道附近的主要星座，旋臂以相应星座命名，为了

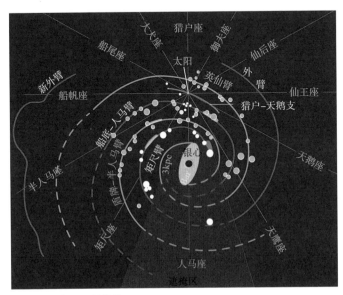

图1.1-5　银河系的旋臂

明示所属各旋臂的结构而用了不同颜色，虚线段是外推的。从中央棒两端向外延展的四条主旋臂：英仙臂、盾牌—半人马臂、矩尺臂+外臂、船底—人马臂。年轻恒星和恒星形成区的分布与四条旋臂匹配，太阳位于猎户—天鹅支臂上，而老年恒星大多分布于矩尺臂和人马臂。对为何形成这种差别还不是很清楚。

银晕。 包括恒星晕、气体晕、暗物质晕。包围银盘的是老年恒星和球状星团组成的球形银晕——**恒星晕**，其中，约90%在离银心10万光年内，而诸如PAL 4和AM 1距离银心超过20万光年。约40%的银河星团在玫瑰花形轨道逆银河系自转方向运行。活跃的恒星形成发生于银盘内，尤其是旋臂内，而不是在银晕。疏散星团也主要位于银盘。21世纪以来的新发现，如2004年发现的外旋臂，2006年发现的北天银河巨大弥漫结构，都表明银盘比以前描述的大。

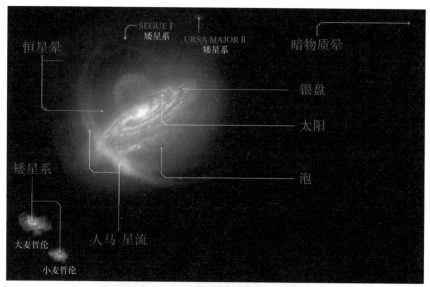

图1.1-6　银河系大范围结构图示，包括亮的银盘及其周围弱的泡等特征

钱德拉X射线、XMM—牛顿、Suzaku（X射线）卫星提供的证据表明，银河系存在大量热气体组成的**气体**

晕，延展几十万光年，远大于恒星晕。气体晕的质量几乎等价于银河系本身质量，温度为100万~250万K。

遥远星系的观测表明，当它们刚在几十亿年老时，宇宙的普通物质约为暗物质的1/6。虽然暗物质是不可见的，还不知道它们是什么，但它们存在于各处，对普通物质（恒星、气体）施予五倍于可见恒星和星系的引力，可以从可见物质的分布和运动推断银河系存在暗物质，包括暗物质晕。

银河系的特性

太阳的位置与近邻。 太阳位于猎户支臂的内缘附近，在本泡（the Local Bubble）的本绒毛（the Local Fluff）内，处于古德带（Gould Belt）上，与银心的距离约8.34千秒差距（27 200光年），现在距离银道面5~30秒差距（16~98光年）。

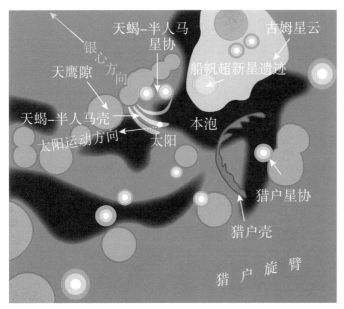

图1.1-7 太阳的近邻

太阳在银河系朝织女星方向运动，与银心方向约成60°。太阳绕银心运动的轨道大致为椭圆，速度约为240千米/秒，加上银河系旋臂和质量分布不均匀的摄动，约2.4亿年（1银河年）转一圈。在此期间，还相对于银道面上下振荡2.7次，地球上的大规模物种灭绝可能与此有关。在太阳附近半径49光年的范围内约有208颗亮于8.5绝对星等的恒星，在16光年的范围内有64颗已知恒星。

银河系的自转。银河系的恒星和气体绕银心转动，图1.1-8绘出了银河系的自转速度随银心距的变化曲线。基于恒星质量和气体预计的与观测的曲线有所差别，其原因是存在暗物质。

与行星绕太阳的公转轨道运动遵从开普勒定律不同，银河系大多数恒星的轨道速度与银心距的关系不是很强，在远离核球或外缘处，恒星的典型轨道速度为210～240千米/秒，轨道运动周期仅正比于轨道长度。

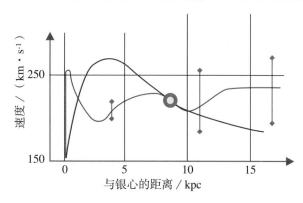

图1.1-8 银河系绕银心自转速度随银心距的变化。黄圆为太阳，蓝线为观测的（灰棒是观测弥散），红线是基于恒星质量和气体预计的

银河系的大小和质量。近年来观测研究表明，银河系的直径可达12万光年（37千秒差距），气体晕甚至可达几十万光年，暗物质晕可达距离银心100千秒差距之外。

对银河系质量的估计取决于方法和所用资料，至少为 $5.8 \times 10^{11} M_\odot$。2009 年，甚长基线阵发现，银河系外缘的一些恒星的速度达到 254 千米/秒。因为轨道速度取决于轨道半径内的总质量，由此估算银河系质量与仙女星系相当。2010 年，测定银晕恒星视向速度得出，80 千秒差距范围内的质量为 $7 \times 10^{11} M_\odot$。银河系的大部分质量似乎是暗物质的，暗物质晕散布较不均匀。数学模型估计整个银河系的总质量为 $3 \times 10^{12} M_\odot$。

银河系至少含有 1 000 亿颗恒星，可能多达 4 000 亿颗恒星，准确数字取决于难以观测到的甚低质量的恒星或矮星，尤其离太阳很远的。银河系还含有星际介质——气体和尘埃，以及环绕恒星的行星及彗星，估计银河系有 400 亿颗地球大小的行星。

银河系的年龄。银河系个别恒星的年龄可由如 ^{232}Th 和 ^{238}U 的长寿命放射元素的丰度测定而计算出来。例如，CS 31082-001 的年龄约为 125（±30）亿年。由白矮星辐射变冷而表面温度降低可估计其年龄，得到球状星团 M4 的年龄约为 127 亿年。球状星团是银河系中最老的，可作为银河系年龄下限。2007 年，用光谱线测定出 HE 1523-0901 的铀、钍及铕、锇、铱同位素丰度，一致得出其年龄为 132 亿年，这是银河系中最老的年龄，应为银河系年龄的更好下限。银盘恒星的年龄约为 88 亿年，这说明从银晕到银盘的形成几乎经历了 50 亿年。

银河系的环境

银河系和仙女星系是近邻的巨大双旋涡星系，它们与50个近的星系约束在一起而组成"本星系群"，并且是室女超星系团的一部分。在本星系群中，有两个较小的星系（大、小麦哲伦星系）和很多矮星系绕银河系转动。大麦哲伦星系是距离银河系最近的伴星系，直径约为14 000光年，它有一个近伴侣——小麦哲伦星系。麦哲伦流（Magellanic Stream）是从这两个星系延展出来的中性氢气体流，跨越太空100°，这是银河系的引潮作用拉出的。环绕银河系的矮星系有大犬矮星系（最近的）、人马座矮椭圆星系、小熊座矮星系、玉夫座矮星系、六分仪座矮星系、天炉座矮星系、狮子座Ⅰ矮星系等；最小的直径约为500光年，包括船底座矮星系、天龙座矮星系、狮子座Ⅱ矮星系。可能还有未被探测到的星系，以及某些如半人马ω的被银河系吸收了的星系。

2006年1月报道，有人测绘出以前未解释的银盘弯曲，并得出大、小麦哲伦星系环绕经过银河系边缘而造成波纹或振动。以前认为，它们的质量太小（约为银河系质量的2%），不会影响银河系。但在一个计算机模型中，这两个星系的运动造成暗物质尾迹，放大了它们对银河系的影响。

现代测量表明，仙女星系在以100～140千米/秒的速度接近银河系。在未来30亿～40亿年，可能发生仙女星系—银河系的碰撞。如果碰撞发生，虽然个别恒星相互碰撞的机会极少，但这两个星系会合并，而且将在约10亿年内形成一个椭圆星系。

2 奇妙的弥漫天体——星团和星云

晴朗无月的夜晚，在远离灯光污染的乡野，仰望星空，肉眼可以见到一些云雾般的弥漫天体，用望远镜则见到的更多。法国天文学家梅西叶（1730—1817）为了搜寻在众恒星之间游动的彗星，先后公布了103个弥漫天体表，后来称它们为**梅西叶天体**。这些天体分为两类。一类是由相互引力作用而聚集的恒星集团——星团，如M45昴星团；另一类是当时尚未分辨出恒星的弥漫云——星云，后来观测研究得出，有些是银河系内的气体—尘埃云，如M1蟹状星云、M42猎户星云，有些是银河系外的星系，如M31仙女星系。

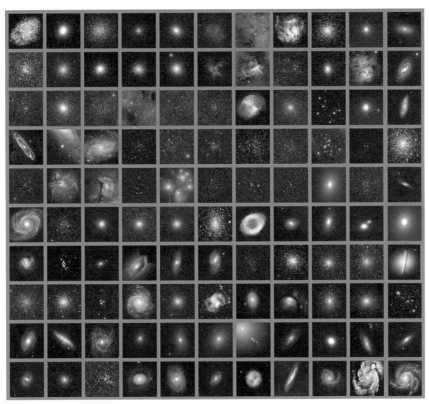

图1.2-1　梅西叶天体

赫歇尔父子编制了星云和星团总表——General Catalogue of Nebulae and Clusters of Stars（GC），含有5 049个天体。1888年，德雷耶编制《星云星团新总表》（*New General Catalogue of Nebulae and Clusters of Stars*），简称NGC星表，列出7 840个天体，又于1895年和1908年发表星云星团新总表续编（Index Catalogue of Nebulae and Clusters of Stars），简称IC，共包含5 386个天体。除了少数有专用名称，星云和星团都有编号，如M1＝NGC 1952（蟹状星云）、M25＝IC 4725（疏散星团）。1973年Sulentic等人发表修订的新总表——Revised New General Catalogue（RNGC），1988年Sinnott发表NGC2000.0。

由于大多数星云和星团是远而暗的，以及受天光影响，一般光学望远镜难以观测到它们的细节。只有在配备现代先进技术设备的大型望远镜和空间望远镜投入多波段观测后，才展示出它们的色彩缤纷、壮观美妙的图像。

图1.2-2　M20。即NGC6514，因三瓣形貌又称三叶星云。它是一个很大的星际气体－尘埃云，位于人马座方向，距离地球约5 200光年。它的可见光像（左）和红外像（中）形态迥异，可见光像上的暗色尘埃带很醒目，而红外像上可以看到透过尘埃带的新生亮恒星。右图是斯必泽空间望远镜的红外阵列照相机（右上）和多波段成像光度计（右下）所摄像合成的

图 1.2-3　M13。即 NGC
6205，武仙座球状星团，
距离地球约 2.22 万光年，
真直径约 145 光年，约有
30 万颗恒星

图 1.2-4　M63。即 NGC
5505，昵称向日葵星系，
位于猎犬星座，距离地球
约 3 500 万光年，直径约 6
万光年。它是旋涡星系

图 1.2-5　M33。即 NGC
598，三角座星系，又称风
车星系，也属旋涡星系，直
径超过 5 万光年。它距离银
河系约 300 万光年，是本
星系群中小于仙女星系和银
河系的第三大星系

图1.2-6　M82。即NGC 3034，因其形而称雪茄星系，是位于大熊星座的不规则星系，距离地球约1 200万光年

图1.2-7　M82的全景图像。其中用蓝色标注了钱德拉X射线天文台的资料，橙色和绿色标注的是哈勃空间望远镜的光学资料，而红色标注的是来自斯必泽空间望远镜的红外线资料。它距离大质量的M81星系仅约1 000万光年，可能因受M81的强引力影响，造成M82的数处狂暴的恒星形成区，因而称它为星暴星系，M82喷出物朝M81方向及反向扩散为强烈"星系风"。科学家发现它中央有两个"黑洞"，其中一个质量至少有200 $M_\odot$，另一个质量达43 000 $M_\odot$。

3 令人瞩目的星团

在星空散布的恒星中，很多恒星集聚的星团无疑是令人瞩目的，其中，最著名的是七姐妹星团——昂星团。按照形态和成员星的数目等特征，可以把星团分成两类：疏散星团和球状星团。

疏散星团

疏散星团的形态不规则，包含十几至两三千颗恒星，成员星分布得较松散，用望远镜观测，容易分辨出一颗颗恒星。银河系中已发现1 200多个疏散星团，它们集中在银道面附近，距离银道面一般小于650光年，又称**银河星团**。已知的疏散星团距离太阳大多在1万光年以内，距离远的或者因处于银河的密集背景星场而不易被认证，或者受星际尘埃云遮挡而看不见。估计银河系中疏散星团总数达1万～10万个，大小多数为3～30光年，超过30光年的较少。有些疏散星团与星云分布在一起，它们比较年轻。

图1.3-1 英仙h/x 星团

少数疏散星团用肉眼可见，著名的有金牛座中的昴星团（M45）、巨蟹座中的鬼星团（M44＝NGC 2632，又名蜂巢星团）、英仙双星团（即英仙h——NGC 869和英仙χ——NGC 884）。

昴星团。在晴朗的夜晚，用肉眼很容易看见昴星团，因中国古代把其中的亮星列为昴宿而得名，又常称"七姊妹星团"。但正常人用肉眼只能看到其中的6颗星，眼力极好的人可以看到7颗或更多的恒星。它的视大小约2°，距离地球128秒差距（417光年），真直径约4秒差距。昴星团含有3 000多颗恒星，其中最亮6颗星的名称、视星等和光谱型分别是：金牛座17（昴宿一），3.71，B6Ⅲ；金牛座19（昴宿二），4.31，B6Ⅳ；金牛座20（昴宿四），3.88，B7Ⅲ Sn；金牛座23（昴宿五），4.18，B6V；金牛座η（昴宿六），2.87，B7Ⅲ；金牛座27（昴宿七），3.64，B8Ⅲ。它的7%成员星是轨道周期小于100天的双星。亮星附近的

图1.3-2　昴星团

星云NGC 1435是由星际尘反射和散射星光形成的反射星云。在斯必泽空间望远镜拍摄的昴星团红外图像上，可看到显著的星云特征。昴星团的年龄估计为5 000万年。

移动星团与距离测定。 疏散星团的成员星在星团内的各自相对运动不大，但都参与整体的运动，因而它们的空间速度矢量大致是平行且相等的。成员星的自行看似平行的铁轨往远处汇聚一样，大体上交于一点——**汇聚点**（或辐射点），把这些疏散星团称为**移动星团**。有汇聚点的星团正在远离太阳，有辐射点的星团则正在接近太阳。已知的移动星团有毕星团、昴星团、大熊星团、鬼星团、英仙星团、天蝎—半人马星团和后发星团等。因为成员星的自行与切向速度和距离有关，而由其视向速度的观测数据可以定出切向速度，于是可以求出以视差表示的距离，称为星群视差。

毕星团。 毕星团位于金牛座，肉眼可见8～10颗星，实际上它由300多颗成员星组成，较密集部分的角径为7°，线直径约为16光年。它是与太阳距离最近的疏散星团之一，距离太阳约150光年，目前正以44千米/秒的速度远离太阳。大约在8万年前，毕星团与太阳的最近距离只有现在的一半。6 500万年后，它将远离而成为视角直径20′的普通暗星团。毕星团各成员星的自行略有差别，再过几亿年，该星团会瓦解。

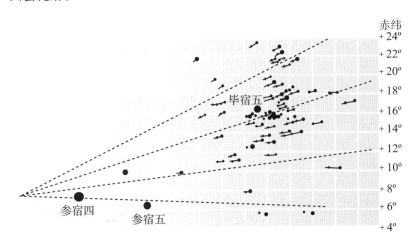

图1.3-3 毕星团成员星的自行和汇聚点

天蝎—半人马星团。1918年，卡普坦首先注意到壮观的天蝎—半人马星团。它在天球上跨越了33°，是与太阳距离最近的疏散星团之一，距离太阳约650光年，线直径约为326光年。

大熊星团。大熊星团是距离太阳最近的疏散星团，距离太阳约68光年，角直径约为20°，线直径约为23光年，约有100颗成员星。北斗七星中的5颗星是它的成员。

球状星团

球状星团是呈球形或扁球形的紧密恒星集团，成员星的平均密度比太阳附近星场大50倍，中心区密度则大千倍左右，包含1万至1 000万颗恒星，直径为16光年（NGC 6325）至350光年（NGC 2419），累积绝对目视星等为-2.60^m（Pal 13）至-10.27^m（半人马ω），光度大于-6^{m}的占大多数，平均为-7^m；累积光谱型从A5型至G5型，大多数介于F8型和G5型之间。在银河系已发现150多个球状星团。

全天最亮的球状星团是半人马ω（NGC 5139），距离地球约18 300光年，含数百万颗恒星，累积目视星等为3.54^m，年龄约120亿年。在我国北方地区看不到它。笔者在海南三亚观测哈雷彗星期间，在一个有薄雾的夜晚，偶然在望远镜视场中看到一个显著的雾斑天体，但那不是哈雷彗星应在的方位；次夜晴朗，才看到它显现密集繁星的球状星团的壮观真颜。

北半天球最亮的球状星团是武仙座中的M13（NGC 6205），距离地球约25 000光年，直径约150光年，含10万多颗星，累积目视星等为5.80^m。此外，杜鹃47（NGC 104）、M3（NGC 5272，在猎犬座）、M5（NGC 5904，在巨蛇座）和M92（NGC 6341，在武仙座）也是较明亮的著名球状星团。

在球状星团中已发现了2 000多颗变星，其中大多数是天琴RR型星，可利用它们来测定所在星团的距离。

球状星团大多数位于以人马座为中心的半个天球上，其中有1/3就在人马座的天区。最初正是从这一现象领悟到太阳偏离银河系中心的。与疏散星团不同，球状星团并不向银道面集中，而是呈现大致以银心为球心的球形空间分布。它们大多数在距离银心20千秒差距内，各自在巨大的椭圆轨道上绕银心转动，轨道面与银道面的倾角较大。

图1.3-4　球状星团——半人马ω（NGC 5139）

图1.3-5　球状星团——武仙座中的M13（NGC 6205）

4 形色诡异的银河星云

18世纪后期，威廉·赫歇尔等人发现了许多云雾斑状天体，称为**星云**。后来观测到更多星云，发现其中绝大多数位于银河系之外，是与银河系一类的庞大恒星系统，称为**河外星云或星系**；仅部分星云是银河系之内的气体—尘埃云，称为**银河星云**，简称星云。它们各自呈现诡异的形态和色彩，别有情趣。按照形状、大小和物理性质，银河星云可分为**行星状星云**、**发射星云**、**反射星云和暗星云**。发射星云和反射星云都是亮的，一起称为**亮星云**；而亮星云和暗星云又统称为**弥漫星云**。

行星状星云

圆形或扁圆形的星云称为**行星状星云**。实际上，此类星云中仅少数形态如行星，多数是形态诡异的，仅由它们的光谱特征才认证为此类星云。在银河系和邻近的星系中都发现了此类星云。

很多行星状星云有中央星。有的中央星或因星云覆盖或因太暗而不易被辨认，但由行星状星云的发光性质可推断它们存在高温的中央星。有的中央星是双星，伴星是高温恒星。各中央星质量的分布峰在 $0.6M_\odot$ 附近，大于 $0.8M_\odot$ 的极少，它们的光度相当弥散（$0.1 \sim 100\,L_\odot$）。行星状星云的视角径一般不超过几十角秒，也有半度以上的，表面亮度甚弱，用几种不很精确的方法估算，行星状星云的距离都在几百秒差距以外。行星状星云的直径为0.1至几光年，质量为0.01 ～ 1 $M_\odot$。它们向银道面和银河系中心集聚，估计在银河系内的总数达1万至10万个。

最著名的环状星云（Ring Nebula，M57 = NGC 6720）位于天琴座，因其形态如环而得名，其实它是立体的球层，只是对向我们的部分稀疏较透明，而视面外缘的视向厚而累积的物质多，才呈环状而已。它的亮环直径约1光年，仍在膨胀，估计是6 000 ～ 8 000年前由中央恒星爆发而抛出的。它距离地球约2 000光年，是全天著名而优雅的行星状星云。下面是空间望远镜所拍摄的M57数张像合成的高清晰伪彩图像，蓝色代表靠近高温中心星区域的炽热气体，慢慢地转变为较外

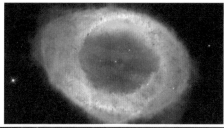

图1.4-1　环状星云——M57。上图为地面望远镜拍摄，下图为哈勃空间望远镜拍摄

面较低温的绿色和黄色区域，以及最边缘最低温的红色气体区域。此外，在其边缘附近，还可以看到许多黝黑的条状结构。太阳大约在50亿年后死亡，很可能变为类似情景。

蝴蝶星云（NGC 6302）位于人马座，因其形态如蝴蝶而得名，是行星状星云之一。它距离地球约3 800光年。虽然它的视角径很小，但其形貌很有特色，两瓣双翅是由中心恒星的两极喷流形成的，故又称双喷流星云。在它的中心有一个气体盘面，盘面的中央有两颗互绕运行的恒星。即将死亡的恒星从气体盘面抛出气体，形成这样的双极外观。目前，对形成这种行星状星云的物理机制还不是很清楚。其照片上的不同颜色分别对应不同原子的辐射，红色部分是氢，黄色部分是高次电离氧所发出来的。照片上看不见星云中央的恒星，它被尘埃云团所遮蔽。虽然现在的蝴蝶星云看上去非常动人，但是几千年之后它就不会像现在这样明亮了，因为它的中央恒星会变冷而成为一颗白矮星。

哑铃星云（M27＝NGC 6853）位于狐狸座，是最亮最美的行星状星云之一，因其形态如哑铃而得名。它距离地球约1 360光年，视角径8′，真直径4.5光年。它是由一颗年老恒星抛出外层而形成的，仍在膨胀。

行星状星云由气体和尘埃构成。它们的光谱包括连续谱和发射线两种成分。连续谱由不同的过程产生，在射电、红外和光学的蓝紫区，分别由电子的自由-自由发射、受中央星加热的尘埃颗粒的热辐射及氢和氦离子的复合过程产生。发射线大多是氢、氦、氮、氧的原子和离子的谱线，其中氢原子的巴耳末线系很显著，但最强的两条发射线是所谓的N1（500.7纳米）和N2（495.9纳米）线，在紫外区波长为372.6纳米和372.9纳米的一

图1.4-2　蝴蝶星云——
NGC 6302

图1.4-3　哑铃星云——M27

对发射线也相当亮。起初以为N1和N2线是由一种未知的元素产生的。1927年，博温认证它们是二次电离氧（OⅢ）所产生的禁线——这是实验室光谱一般见不到的，又证论紫外区的那对发射线为一次电离氧（OⅡ）的禁线。为了表示禁线，通常将产生该线的元素和电离次数的符号放入方括号中。例如，上述的N1和N2线表示为［OⅢ］500.7和495.9。1929年，罗斯兰证明行星状星云辐射场十分稀薄，高频光子转换为低频光子的荧光过程占绝对优势。从不同谱线确定的行星状星云的温度为1 000 ~ 10 000K，中央星的典型表面温度为50 000K，辐射能量主要在远紫外区。星云内的原子吸收了中央星发射的高频光子而电离，自由电子与离子复合的荧光过程产生了可见区的连续谱和发射线。由于中央星在远紫外区的辐射比在可见光区强得多，因此可见光照片上的中央星往往比星云暗几个星等。

行星状星云的发射线特征表明，星云在膨胀，典型的膨胀速度为20千米/秒。相隔几十年拍摄的行星状星云照片也表明星云在缓慢膨胀。这类星云呈现的多种形状主要取决于气壳从中央星抛出的方式，此外，中央星的自转速度、辐射压力和磁场也发挥重要作用。估计从行星状星云进入星际的物质每年为$5M_\odot$，而各类恒星的抛出物总量每年为$30M_\odot$。

发射星云

发射星云是指在很弱的连续光谱背景上有很多发射线的亮星云。它们的光谱特征与行星状星云相似，主要是氢、氮、氧、硫、氖和铁的原子与离子的发射线，其中有些是禁线，在发射星云内或近旁总有一颗或一群高温恒星，光谱型属于O型、B0型或B1型。这些星的紫外辐射激发星云气体而发光，因氢的发射线很强而呈红色。其发光机制与行星状星云相同。发射星云由气体和尘埃组成，估计气体占总质量的99%，尘埃占1%。现已发现1 000多个发射星云。它们聚集在银道面附近，但分布并不均匀，有与高温恒星类似的成群倾向。

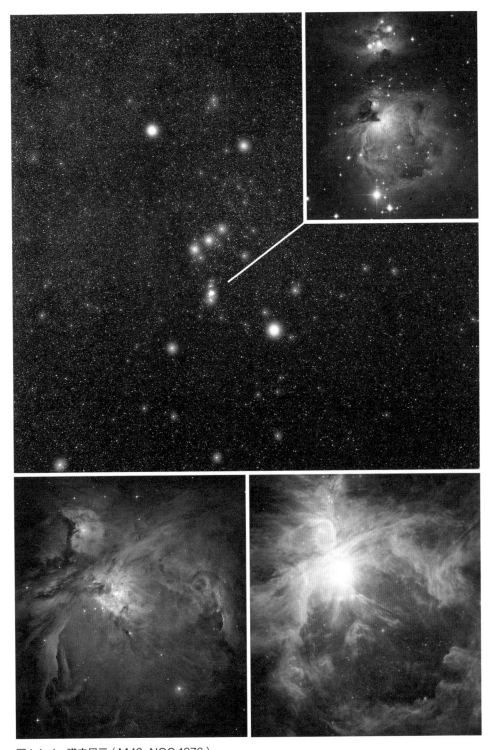

图1.4-4　猎户星云（M42=NGC 1976）

猎户座 δ、ε、ζ 三星连成一线，构成"猎户"腰带，往南是佩剑，肉眼可见的佩剑中间 4^m 的亮斑就是猎户星云（M42＝NGC 1976），因其形态似火鸟而昵称火鸟星云。它是典型的发射星云，距离地球约 1 500 光年，直径约 20 光年，质量达 $100M_\odot$ 量级，其最亮部分是靠近四边形聚星（猎户 $\theta1$）周围的一小群 O 型和 B 型星。星云的氢原子被这些高温恒星的紫外辐射电离，然后在复合荧光过程中发出红色光辉。射电辐射表明，它仅是一个巨大星际云中被高温恒星照亮的部分。这个大星际云伸展到猎户座中很大的天区，估计直径为 300 光年，质量为 5 000 ～ 100 000$M_\odot$。在明亮的猎户星云的后面还发现了分子云和红外源。

反射星云

1912 年，天文学家斯里弗宣布，与昴星团一起的星云有吸收线光谱，且与该星团亮星的光谱相似。这类亮星云的发光机制与发射星云不同，它们仅是因反射和散射近旁亮星的光而显得明亮可见，故名**反射星云**。

天鹅座的北美洲星云（NGC 7000）同时存在发射线光谱和吸收线光谱。还观测到一些混合型的亮星云，即在同一个星云里，一部分表现为发射星云，另一部分表现为反射星云。由此可见，发射星云和反射星云并没有本质区别，它们不同的光谱特征是由照亮星的类型所决定的。反射星云的照亮星温度较低，缺乏强烈的紫外辐射，以致不能有效地激发星云中的原子，因而在光谱中不出现发射线。

反射星云的表面亮度表明其反照率很高，由此推论，星云中产生反射的粒子很可能是冰状小颗粒，由

图1.4-5 北美洲星云（NGC 7000）

氢、碳、氮、氧等较轻元素的简单分子化合物组成。根据反射星云的颜色稍蓝于照亮星，得出其颗粒的平均半径应为1/4微米。

暗星云

如果气体—尘埃星云附近没有恒星，则星云呈现为**暗星云**。暗星云既不发光，也没有近旁星光供它反射，但可以吸收和散射来自它后面的远方星光，甚至全部遮住其背后的恒星，可在银河远处背景星场的衬托下被发现。沿着银河有很多暗区，就是暗星云。银河在南十字座中的一段，中央的暗区是"煤袋"暗星云。若暗星云遮挡背后的亮星云，在亮星云的照片上就呈现暗"斑"，从而可以判断暗星云的存在。

有些暗星云与亮星云在一起，著名的例子是猎户 ζ 南面的马头星云。它是一个很大暗星云的一部分，"马头"四周的光芒是从亮星云发出的。由于紫外光和X射线不能穿入暗星云中央，在那里温度大约只有10K。暗星云与亮星云并没有本质差别，统称**弥漫星云**。根据暗星云减弱星光的程度及星际尘埃的吸收和散射性质，估计半径约4秒差距的典型弥漫星云含尘埃的质量为$20M_\odot$，因而一般认为星云内气体的质量比尘埃大100～150倍。

图1.4-6 "煤袋"暗星云

图1.4-7 马头星云

5 普通星系是怎样划分类型的

　　18世纪有人提出银河是庞大恒星系统时，一些人认为星云可能是同类的恒星系统——**星系**（Galaxy），并将之比喻为海洋中的岛屿，称为"宇宙岛"。还有一些人认为，星云是银河系内的气体—尘埃云。这两种看法各有观测证据，争论长达170年，后来人们才逐渐认识到星云实际上有两大类：银河星云和河外星系。1923年，星系天文学主要奠基者——哈勃用大望远镜拍摄仙女星云（M31 = NGC 224），分辨出其外部一些恒星；1924年，他认证出造父变星，由周光关系推算出它的距离远大于银河系直径；得出M33和NGC 6822的距离更远，证实它们是河外星系。他提出星系的形态分类法，还发现星系的视向速度与距离成正比关系（**哈勃定律**）。随着现代天文技术的发展，对星系的观测研究从可见光波段扩展到其他各波段，不断地扩展到深空范围，从而揭示了星系的各种性质。

星系的类型和主要性质

　　星系是由大量恒星、星团、星云和星际物质及暗物质组成的天体系统，它们由引力束缚在一起，绕其质量中心转动。已观测到的星系数目超过千亿。大部分星系的直径在1 000 ~ 100 000秒差距，彼此间相距百万秒差距量级。星系的质量一般在100万倍至12万亿倍太阳质量。

1926年，哈勃按照一般星系的形态将星系分为三大类，经过修改和补充，形成常用的**哈勃分类**：椭圆星系、旋涡星系（又分为标准旋涡星系和棒旋星系）、不规则星系，每个大类又分为几个类型，把各类型星系依次排列，形成"音叉图"。

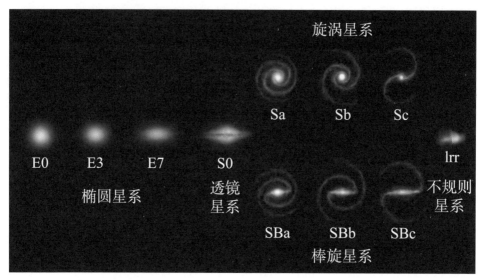

图1.5-1 星系类型排列的"音叉图"

椭圆星系（Elliptical Galaxy）形如椭圆，没有或仅有少量气体和尘埃，没有 H Ⅱ 区，通常仅含少量的疏散星团和新形成的恒星，而是以老年星为主。辐射大部分来自红巨星，颜色一般偏红，没有主导的绕轴自转，成员星像群蜂那样在各自轨道上绕中心转动，没有旋涡结构。椭圆星系用字母 E 表示，再按扁度由小到大分为 E0（正圆形）、E1……E7（最扁）八型。应当指出，观测的仅是视扁度（投影形状）而不是真扁度。如果椭圆星系是轴对称的扁球，在对称轴方向观测总是呈现正圆形投影的 E0 型，E7 型星系则一定呈很扁的椭球形。椭圆星系中，很大的称为巨椭圆星系（gE），小的称为矮椭圆星系（dE）。很多星系（约60%）是暗的且不易看到的椭圆星系，尤其是目前观测到的矮椭圆星系（直径仅几百秒差距）的数目比实际少得多。

旋涡星系（Spiral Galaxy）有星系盘和核球结构，星系盘含大量年轻的热星而呈蓝色，核球密集老年恒星而颜色偏红。于是，在星系

图1.5-2 M87，即NGC 4486，室女座A星系，是E1型巨椭圆星系，直径约206千秒差距，质量约4万亿$M_\odot$，距离我们约2 000万秒差距

图1.5-3 Leo（狮子座）I 是距离我们最近的（100万光年）一个矮椭圆星系

的不同颜色像上凸现不同的结构特征。星系盘有旋涡结构，从亮的核球向外有两个或多个旋臂延展，旋臂由气体、尘埃和热的亮恒星组成。旋涡星系约占星系总数的20%，但是由于它们亮而容易观测到，所以占已知星系的2/3。正常旋涡星系以字母S表示，再按照核球由大到小、旋臂由紧到松，分为Sa、Sb、Sc三型。

M81，即NGC 3031，是一个经典的Sb型旋涡星系，距离M82仅38角分。M81和M82并排在大熊座内，它们是距离约15万光年的近邻星系，都距离地球约1 180万光年。M81的质量（2 500亿$M_\odot$）比M82的（500亿$M_\odot$）大，M81的引力可能是促成M82的星系风取向的原因。

棒旋星系（Barred Spiral Galaxy）是中心呈长棒形状的螺旋形星系，棒的两边有旋形的臂向外伸展，以字母SB表示，也类似地再分为SBa、

图1.5-4 M81，Sb型旋涡星系

图1.5-5 NGC 1300，棒旋星系

SBb、SBc三型。棒旋星系NGC 1300位于波江座，距离地球约7 000万光年，大小约10万光年，还没找到其中的超大质量的黑洞。

图1.5-6　M84，透镜状星系

透镜状星系（Lenticular Galaxy）S0型介于椭圆星系与旋涡星系之间。它们有亮的核球和扁盘，但没有明显的旋臂，所含的热的亮星及气体—尘埃少。M84（NGC 4374）是室女星系团成员之一，距离地球约6 000万光年，在长时期内被归类为E1型椭圆星系。一些新的观测表明，它实际上是一个正向透镜状星系。

不规则星系（Irregular Galaxy）没有明显核球或旋臂，形状不规则，含有各类恒星及H II区。不规则星系以字母Irr表示，再分为Irr I和Irr II型。Irr I型的颜色偏蓝，不规则性是固有的。Irr II型呈黄色，不规则性是由某种扰动引起的，如星系核的爆发、星系之间碰撞或相互作用。

1521年，麦哲伦进行环球航海时，在南天看到两个大星云：大麦哲伦云和小麦哲伦云（Magellanic Clouds）。它们是不规则星系，距离地球分别为16万光年和19万光年，大小分别为6万光年和2.5万光年，质量分别为200亿$M_\odot$和20亿$M_\odot$。它们包裹在中性氢云内，有气体桥与银河系相连。射电和红外观测还表明，大麦哲伦云的形状是相当圆和对称的，由恒星组成的中央棒的东西端外甚至有旋臂迹象（因而又为SBm型）。

令人迷惑的是，星际气体有几百光年的大洞或泡，可能
是多个超新星爆发或年轻的大质量热星团的极强星风吹
开的。

图1.5-7　大麦哲伦云、小麦
哲伦云

图1.5-8　大麦哲伦云

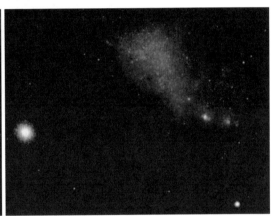

图1.5-9　小麦哲伦云

表1.5-1　各类星系的主要性质

性　质	旋涡星系	椭圆星系	不规则星系
质量 M（$M_\odot$）	$10^9 \sim 10^{12}$	$10^6 \sim 10^{13}$	$10^8 \sim 10^{11}$
直径（千秒差距）	$5 \sim 50$	$1 \sim 200$	$1 \sim 10$
光度 L（$L_\odot$）	$10^8 \sim 10^{11}$	$10^6 \sim 10^{11}$	$10^8 \sim 10^{11}$
综合光谱型	A(Sc)到K(Sa)	G到K	A到F
星际物质	盘中气体和尘埃	少量气体和尘埃	大量气体，有些尘埃
恒星类型	年轻（盘），年老（晕，核）	年老	年轻

6 星空奇葩——仙女大星云

仙女大星云（M31，即NGC 224）是秋夜星空肉眼可见的最美丽天体。它是第一个被证实的河外星系。对于它的观测研究成为星系天文学发展的重要里程碑。

图1.6-1　仙女大星云（仙女星系）

M31观测研究趣话

对仙女大星云的最早观测记录见于波斯天文学家阿尔苏飞《恒星》一书中描述的"小云"。1612年，德国天文学家马里乌斯首先用望远镜对它进行了观测并记录。1764年，梅西叶将它编目为M31。1785年，赫歇尔注意到在星系的核心区域有偏红色的杂色，相信它是最近的"大星云"。几个世纪以来，天文学家都认为它是银河系内的一个天体，因此误称为仙女星云，沿用至今。1864年，哈金斯观察到它的光谱有恒星光谱特征，推论它具有恒星的本质。1885年，有人发现那里出现一颗超新星（仙女座S），说明它是遥远的星系。1887年，罗伯斯的长时间曝光照片使世人第一次看见它的旋涡结构。1912年，斯里弗使用光谱仪测量它相对于太阳系的速度为300千米/秒。1917年，柯蒂斯观测到M31内的一颗新星，后来搜寻照相的记录又找到了11颗，它们很暗，由此将M31估计的距离提高至50万光年，柯蒂斯也成为星系"宇宙岛"假说的拥护者。1920年，发生了沙普利和柯蒂斯之间的著名大辩论。1924年，哈勃第一次在M31照片上辨认出了银河系外的造父变星，最终确认它是银河系之外的星系。

1943年，巴德首先把仙女星系核心区域的恒星解析出来，基于对这个星系的观测，称星系盘中年轻的、高速运动的恒星为星族Ⅰ，核球中年老的、偏红色的恒星为星族Ⅱ，这一方法随后也被引用到银河系及其他星系。他也发现造父变星有两种不同的形态，使得对M31的估计距离又增加了一倍。这也对其余的宇宙理论产生了一定影响。

20世纪50年代，有人测绘出仙女星系的第一张射电图，在2C星表中仙女星系的核心为2C 56。近年来，先进的现代地面望远镜和空间望远镜的多波段观测研究揭示出M31更加丰富多彩的奥秘。

新测定的M31的距离和质量

2004年，天文学家用造父变星法测定得出M31距离地球251（误差13）万光年。2005年，发现M31内的一对交食双星，测定出它们距离地球252（误差14）万光年，而M31整体距离地球250万光年。2005年，用红巨星分支方法测定得出M31距离地球256（误差8）万光年。取这些结果的平均值，M31距离地球253（误差7）万光年。基于此，判断M31的最宽处约为14万光年（误差4 000光年）。

目前，估计仙女星系的质量（包括暗物质）约为1.23万亿$M_\odot$。虽然误差的范围仍然太大，但可确认M31的质量比银河系大，而且包含更多的恒星。

M31以约300千米/秒的速度靠近太阳，因此它是少数蓝移的星系之一。根据太阳系在银河内的速度得出，M31以100～140千米/秒的速度接近银河系。未来几十亿年后，它有可能与银河系碰撞，从而合并成为一个更巨大的星系。

M31的结构

以前，从M31可见光像的形状，把它归类为Sb型旋涡星系。然而，在2MASS巡天的资料中，M31的核球呈现箱状，这暗示它实际上是棒旋星系。它也有普通活动星系核证据。2005年，凯克望远镜拍摄它的高清晰像，显示出更延展的主星盘。M31盘面对视线倾角约13º，盘面不是平坦的，而是翘曲为字母S形，可能是由其近邻的星系引力所致。光谱观测得出它的自转速度，近核区达峰值225千米/秒，到半径1 300光年处开始降低，到7 000光年处降到最低，为50千米/秒；再往

外自转速度平稳加快，到33 000光年处达到250千米/秒，
而再向外又慢慢减速，到80 000光年处减小到200千米/秒。
这暗示集中在核心区的质量约为60亿$M_\odot$，总质量呈线
性增加至半径45 000光年处，然后随着半径的增加而增
长逐渐减缓。

它的旋臂向外延伸出一连串的电离氢区，巴德将之
描述成"一串珍珠"。它们看似紧紧地缠绕着，从距离
核心约1 600光年处有两条连续的旋臂向外延展，彼此
间最近的距离约为13 000光年。

M31的红外像上呈现几个重叠的圆环，最突出的是
半径32 000光年处的环。它们是由冷的尘埃组成的，因
而未显现在可见光像上。M31的紫外像上更为明显的是
热的较年轻恒星及星际气体的分布特征。

图1.6-2　M31红外像

M31中央区有相距1.5秒差距的两个核心，较亮的
P1位置偏离了星系的中心，稍暗的P2处在星系真正的
中心上，人们认为它是质量为百万$M_\odot$的黑洞。

M31约有460个球状星团，质量最大的名为马亚
尔II，绰号是G1，它有数百万颗恒星，亮度大约是半
人马座ω——银河系内所知最明亮的球状星团的两倍。
G1有不同的星族，而且以一般的球状星团来看，它的
结构太巨大了，因此，有些人认为G1是以前被M31吞

噬的矮星系残骸。另一个巨大且明显的球状星团是位于西南旋臂东侧一半位置上的G76。2005年，在M31内又发现了一种全新形态的星团。它的恒星数量与球状星团相似，所不同的是其体积非常庞大，直径达数百光年，密度低了数百倍，恒星之间的距离也远了许多。

图1.6-3　M31紫外像

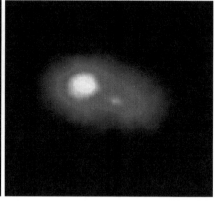

图1.6-4　M31的核心

M31附近的小星系

目前，已知M31附近有14个小星系，最有名的也是最容易观测到的是椭圆星系M32和M110。依据现有的证据，似乎不久前，M32曾经与M31遭遇过。M32原本可能是一个大星系，但核心被M31从星盘内移除了，并且在核心区域经历恒星形成的暴增。M110似乎也曾经与M31互动过，并且在M31的星系晕中发现了从这个星系剥离的富含金属星的星流。M110包含了一些尘埃带，暗示最近有恒星持续形成。这在矮椭圆星系中是不寻常的，因为椭圆星系通常是缺乏尘埃和气体的。2006年，发现9个星系沿着横越M31核心的平面延伸着，而不是随机散布在周围，这也许可以说明它们有着共同的起源。

7 哈勃定律是怎样发现的

哈勃出生于美国密苏里州的一个保险从业员的家庭，少年时代擅长运动。他曾在芝加哥大学修读数学及天文学，1910年取得理学学士学位，后于英国牛津大学修读法律硕士学位。1913年，他回到美国，在印第安纳州一所中学担任教师及篮球教练。一年后，他回到芝加哥大学攻读博士学位，在叶凯士天文台研究天文，1917年毕业获得博士学位。第一次世界大战爆发后，他应征入伍。战争结束后的1919年，哈勃被威尔逊山天文台聘用，并在那里终生任职。该天文台曾建造一台2.5米口径的望远镜，哈勃是第一位使用者。1953年，哈勃因脑血栓病逝。

图1.7-1 哈勃

哈勃（Edwin Powell Hubble，1889—1953），公认的星系天文学创始人和观测宇宙学的开拓者，被尊称为星系天文学之父。他证实了河外星系的存在，并发现了大多数星系都有红移现象，建立了哈勃定律，该定律成为宇宙膨胀的有力证据。为纪念哈勃的贡献，以他的名字来命名小行星2069（Hubble）、月球的哈勃陨击坑及哈勃空间望远镜。

哈勃定律

1912年，斯里弗用谱线位移测量星系的视向速度。到1928年，他测量了40多个星系，发现除仙女星系等极少数星系的谱线蓝移外，绝大多数星系的谱线是红移的。

天体距离的测定是最基本且又困难的重要任务，常在"自然界的一致性"合理假设下，即认为银河系与其他星系中的同类天体有同样性质，采用由近而远的外推方法。1924年，哈勃在仙女星系外部认证出造父变星并测定它们的光变周期，利用银河系造父变星的周期—光度关系，得到仙女星系的距离为150千秒差距（49万光年，现在更准确的距离为250万光年）。哈勃开展的这项观测研究是非常细致又极为枯燥的。与现代设备相比，那时的观测条件很简陋，操纵望远镜不仅费力，而且望远镜时不时地会出现故障。星系非常暗，为了拍摄到它们的光谱，需要曝光达几十分钟乃至数小时，以保持跟踪的准确性。人们调侃地形容他说，"冻僵了的哈勃"就"像猴子似的"整夜待在望远镜观测室，"脸被暗红色的灯光照得像个丑八怪"。由此可见这位天文大师严谨的科学态度和顽强拼搏的科学精神。

哈勃惊讶地发现，距离地球越远的星系，谱线红移越大，且星系的视向退行速度v与星系的距离D之间可表述为简单的正比例函数关系：$v = H_0 D$，这就是著名的**哈勃定律**（Hubble's Law），式中的比例系数H_0称为**哈勃常数**。1929年3月，他首次发表了研究结果。虽然有46个星系的视向速度资料，速度最大的不超过1 200千米/秒，但其中仅24个有确定距离。实际上，当时导出的星系的速度—距离关系的弥散比较大。随后，哈勃和赫马森合作，导出星系的速度最大近于20 000千米/秒，

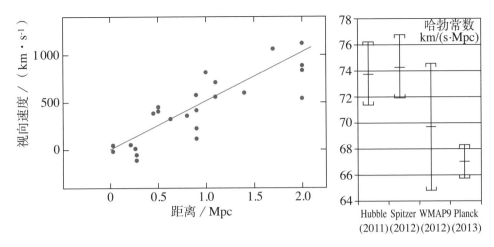

图1.7-2　哈勃定律和哈勃常数的新结果

进一步确认了星系的速度—距离关系。1948年，他们测得长蛇星系团的退行速度已高达60 000千米/秒，而速度—距离关系依然成立。有趣的是，哈勃在论文和报告中一直坚持用"河外星云"来称呼河外星系。美国历史学家克里斯琴森亲昵地把哈勃称为"星云世界的水手"，著书详细记述了哈勃的科学生涯，特别是他在星系世界中长年的辛勤劳作和建立的不朽业绩。

　　对于遥远的和很暗的星系，难以分辨个别恒星和拍摄光谱，天文学家用整个星系的性质作为距离指示。一种性质是定得较好的光度，常称为**标准烛光**；另一种性质是定得较好的直径，常称为**标准测竿**。然而，各星系的光度和直径差别很大，天文学家提出用不同技术分别测定旋涡星系和椭圆星系的距离。旋涡星系存在Tully-Fisher关系：质量越大，光度也越大，从气体盘的自转速度可以推算出星系质量，用Tully-Fisher关系计算光度，再由光度和观测的视亮度就可计算出距离。椭圆星系存在Faber-Jackson关系：恒星速度的范围（**速度弥散度**）与星系大小相关，于是，由速度弥散度估计光度，进而再由视亮度计算距离。

星系距离的测定常存在很大的误差（30% ～ 50%），因此确定 H_0 值十分困难。哈勃和哈马逊在1930年前后测定的 H_0 值在500 ～ 550 千米/（秒·百万秒差距），以后测定的 H_0 值几经缩小，一般写为 $H_0 = 100\,h$ 千米/（秒·百万秒差距），$0.5 \leqslant h \leqslant 0.85$。当红移量很小（视向速度 v 远小于光速 c）时，可用经典的多普勒公式：$z = \dfrac{\lambda - \lambda_0}{\lambda_0} = \dfrac{\Delta\lambda}{\lambda_0} = \dfrac{v}{c}$，来计算视向速度。当红移量大于1时，应当用相对论导出的严格公式：$z = \sqrt{\dfrac{c+v}{c+v}} - 1$ 或 $v = \dfrac{(z+1)^2 - 1}{(z+1)^2 + 1}\,c$，来计算视向速度。例如，3C 256 的红移量 $z = 1.82$，由经典公式算得 $v = 1.82\,c$（这是不合理的），而由严格公式算得 $v = 0.536\,c$（这才是合理的）。

哈勃定律的重要意义和哈勃常数的争论

经过半个多世纪的一系列观测研究，哈勃定律得到确认，而且在宇宙学研究中发挥着特别重要的作用。

在哈勃定律发现之前，苏联的弗里德曼于1922年首次从爱因斯坦广义相对论导出宇宙随时间不断膨胀的可能性。继而，比利时的勒梅特于1927年提出均匀各向同性的膨胀宇宙模型，遥远天体的红移（即退行运动）起因于空间膨胀，预言红移的大小应该与天体的距离成正比。哈勃观测研究星系时还不知道这些情况，哈勃定律的独立发现强有力地支持了宇宙膨胀及大爆炸宇宙学理论，是人类认识宇宙的一次飞跃。著名的美国宇宙学家惠特罗把哈勃定律和哥白尼的日心说相提并论，认为在天文学史上两者都具有革命性的意义。尽管哈勃的开创性论文中没有提到宇宙膨胀的概念，但是由于他的重要发现，动态的膨胀宇宙模型最终取代了长久以来的静止宇宙图像。

哈勃常数的倒数 $t_0 = 1/H_0 = D/v$ 有时间的量纲，称为哈勃时间。既然哈勃定律是由大爆炸引起的宇宙膨胀的一种观测效应，那么，在过去遥远的 t_0 时间前，宇宙中所有的物质必然聚集于极小的空间范围内。可见，一旦确定了哈勃常数的具体数值，便可以估计宇宙的年龄，因此，测定出准确的哈勃常数是非常重要的。

星系距离和视向速度的测定常存在很大的误差，因此确定 H_0 值十分困难。哈勃最早测定 $H_0 = 500$ 千米/（秒·百万秒差距）。1931年他和赫马森测定 $H_0 = 558$ 千米/（秒·百万秒差距），相对误差约10%。1956年，赫马森等利用更多河外星系的观测资料，把哈勃常数进一步减小为180千米/（秒·百万秒差距）。1976年，桑德奇和塔曼发表了多项关于 H_0 的测定结果，他们利用七种不同的标距天体，重新修订哈勃常数，得出 $H_0 = 50 \sim 57$ 千米/（秒·百万秒差距）。2003年，威尔金森通过各向异性探测器取得的观测资料，得出 $H_0 = 73$ 千米/（秒·百万秒差距），并由此推得可观测宇宙的年龄为137亿年。2013年3月21日，欧洲航天局宣布，根据普朗克卫星的测量结果，哈勃常数 $H_0 = 67.80$ 千米/（秒·百万秒差距）。

8 特殊星系

特殊星系（Peculiar Galaxy）是指形态和结构不同于哈勃分类中正常星系的星系。它们的特殊性质主要是因星系核的活动或两个星系之间的相互扰动而造成的。与典型的星系相比，它们也许有更多的尘埃与气体，或有较低的表面亮度，或有其他特性。

半个世纪前，天文学家以为星系是平静的，只是偶然出现超新星和新星才会暂时打破沉寂。射电天文学兴起后，发现许多河外的强射电源，射电辐射能量比银河系射电大得多（10万倍以上）。后来在红外线、紫外线和X射线波段的探测进一步显示，星系的活动特别是与某些星系核联系的活动相当普遍。按照活动的规模，处于较低水平的星系占绝大多数（统称正常星系），活动很激烈的星系只占约2%。这反映了在星系的整个演化过程中，激烈活动只是很短的一个阶段。

特殊星系的显著特殊性最先是由某种观测发现的，故给予不同的称呼，如光学观测发现的通称活动星系（也有以观测研究者来称呼的，如塞弗特星系），射电观测发现的通称射电星系，以典型性称呼的有蝎虎天体，以主要特性称呼的有互扰星系等。

特殊星系的基本特征

形态特征。大多数特殊星系和暗一些的背景星系相比，它们有一个很亮的致密核。有的特殊星系外围有伴星系（常形成扰动形态），有的有外环，有的旋臂残缺。在射电图上，在一些射电星系外区，可以观测到相距很远的射电双子源或射电包层。绝大多数特殊星系都有核心区爆发遗留下来的痕迹，或从中心向两个相反方向射出喷射物，或向四面八方发散纤维状的稀薄气体，或星系中心分裂，或出现尘埃暗条。此外，有的还有不规则的电离氢区分布。

核心区的光度特征。有些特殊星系中心的致密核有很高的光度。与正常星系相比，它们有很强的射电、红外和 X 射线辐射；光度有快速变化，时标短的只有几十分、几小时，长的以月、年计；有较强的偏振等。

光谱特征。有亮核的特殊星系，核区光谱都有较宽的发射线和高激发、高电离的禁线。有的星系各个部分都有氢的 Hα 发射线，有的则只有核心才出现 Hα 发射线。

动力学特征。在星系核周围区域往往能观测到高速非圆周运动的天体，有的运动速度可达几千千米/秒。

活动星系

活动星系是有**活动星系核**（Active Galactic Nucleus，缩写为 AGN）的一类星系。它们比普通星系活跃，从无线电波到伽马射线的全波段都发出很强的电磁辐射，光度在 $10^{36} \sim 10^{41}$ 瓦特，明亮的核心部分通常约 1 光年，只占整个星系的很小一部分，但整个星系的光度主要来自活动星系核，因此 AGN 通常也指整个活动星系。另外，有研究显示，活跃星系核的能量可能源自超大质量黑洞吸积物质释放的引力能。它们的共同观测特征是：有明亮的致密核区；光谱具有很高的红移，光度远远高于普通星系；具有快速的光变，光变时标从数十分钟到一年不等；光谱中有非常宽的发射线；具有非热辐射谱；具有光学或射电的喷流现象。

几十年来发现的活动星系种类繁多，包括塞弗特星系、类星体、射电星系、蝎虎座 BL 型天体等，而且不同种类之间的观测特征相互混杂。长期以来，人们对它们的机制和演化感到困惑，投入了大量人力物力进行研究，使得活动星系核成为 20 世纪 90 年代以来天文学最热门和最活跃的研究领域之一。

塞弗特星系。1943 年，天文学家塞弗特发表具有特殊星系核的旋涡星系，称为**塞弗特星系**（Seyfert Galaxy）。它们在短曝光像上显示有

图1.8-1 塞弗特六重星系，其中五个有同样红移z=0.015，但有一个（箭头所指）z=0.067

明亮的恒星状核（直径几光年）及急剧活动的奇特光谱，在长曝光像上显露出核周围有朦胧的旋涡结构。已知的塞弗特星系有几百个，几乎都是旋涡星系（约占全部旋涡星系的2%），少数可能是椭圆星系，又分为两型：塞弗特Ⅰ型，X射线和紫外很亮，有典型的宽发射线；塞弗特Ⅱ型，只有窄发射线，红外（而不是X射线和紫外）辐射很强。塞弗特星系的亮核有快速光变，亮度在不到一个月的时间内就变化50%，说明亮核很小且产生巨大能量（最大达整个银河系能量的100倍）。

类星体 1960年，天文学家发现了射电源3C 48的光学对应体是一个视星等为16$'''$的恒星状天体，周围有很暗的星云状物质，令人不解的是其光谱中有几条完全陌生的谱线。1962年，又发现在射电源3C 273的位置上有一颗视星等为13$'''$的"恒星"，其光谱中的谱线同样令人感到困惑。

1963年，施米特揭开了3C 273光谱之谜。他利用帕洛玛山天文台的5米光学望远镜进一步观测3C 273，准确地测量了每一条发射线的位置，认证出一些奇特的发射线原来是氢的巴耳末线系谱线，只是由于很大的红移而不易被认证。于是，天文学家把3C 48和3C 273之类的貌似恒星、光谱线有很大红移的射电源称为"类星射电源"。它们的紫外辐射极强、颜色显得很蓝的特征，启发天文学家用紫外敏感的底片

图1.8-2　活动星系核的一种模型

去搜索这类天体，果然很快发现了许多红移很大的"蓝星体"，但它们在射电波段上是宁静或很弱的，以致射电望远镜不易发现它们。后来将类星射电源和蓝星体统称为"类星体"。

类星体的显著特点是具有很大的红移，表示它正以飞快的速度在远离地球。目前观测到的类星体的红移 z 超过7，距离地球100多亿光年，可能是所发现的最遥远的天体。天文学家能看到类星体，是因为它们在电磁波的各波段都发射出巨大的能量。

越来越多的证据显示，类星体实际上是一类活动星系核。而普遍认可的一种活动星系核模型认为，在星系的核心位置有一个超大质量黑洞，在黑洞的强大引力作用下，附近的尘埃、气体以及一部分恒星物质围绕在黑洞周围，形成了一个高速旋转的巨大的吸积盘。在吸积盘内侧靠近黑洞视界的地方，物质掉入黑洞里，伴随着巨大的能量辐射，形成物质喷流。而强大的磁场又约束着这些物质喷流，使它们只能够沿着磁轴的方向，通常沿着与吸积盘平面相垂直的方向高速喷出。

类星体的光谱中还有很多吸收线，有些来自类星体本身，但大部分是由类星体视线方向上的物质造成的。通过测量和分析这些吸收线，可以研究类星体视线方向上物质的成分、分布、运动及其演化。高红移的类星体还可以用来研究宇宙的早期结构形成以及超大质量黑洞和星系的协同演化。

类星体与脉冲星、微波背景辐射和星际有机分子一道并称为20世纪60年代天文学的"四大发现"。

射电星系。大部分射电源是银河系之外的，其中约半数对应的光学天体是星系（如3C 284对应巨椭圆星系M87），还有一些仍不知其对应的光学天体。射电辐射功率超过10^{34}瓦特量级的星系称为**射电星系**，它们在射电波段的辐射功率不仅比正常星系大得多，而且光学的辐射功率也大得多。

巨椭圆星系M87是射电源室女A的对应光学天体，位于室女座星系团的核心。它距离地球6 000万光年，直径大于50万光年，质量为几万亿$M_\odot$，比银河系大得多。它的星系核和核外都有激烈活动，在小而亮的核内有一个射电致密源，直径不到0.03光年，从中出来长达7 000～8 000光年的巨型喷流。M87及其喷流也发射X射线。哈勃空间望远镜光谱观测表明，有气体盘绕着星系中心快速转动，转动速度向中心增大，推测中心可能是24亿$M_\odot$的黑洞。

星系核中的气体盘

图1.8-3　活动星系M87

半人马（座）A是距离我们最近（1 100万光年）的射电星系。它的双瓣射电外瓣跨过天空10°，双瓣中间是特殊星系NGC 5128 —— 6万多光年大的奇特巨椭圆星系，有尘埃带。该星系是一个椭圆星系与一个小的旋涡星系碰撞合并而成的。在其核心，碰撞后残存下来的碎片持续被质量超过10亿$M_\odot$的超级大黑洞吞噬，发出大量的电波、X射线和伽马射线辐射。星系中心抛射高速气体喷流而胀大射电喷流。虽然在可见光下看不见（因尘环遮挡）其星系核，但哈勃空间望远镜红外照片上揭示了一个小而亮的中心天体被包裹在直径约130光年的热气体盘内。X射线探测到与射电喷流同方向的喷流及反方向的弱喷流。

图1.8-4　射电星系半人马（座）A

蝎虎BL（BL Lacertae Objects）天体。1929年，有人发现蝎虎（座）BL有亮度变化，曾把它当作光变不规则的特殊变星。但1968年，发现它是强射电源VRO42.22.01的光学对应体，随后拍摄到它有典型的巨椭圆星系光谱，在射电、红外和可见光波段的亮度都有十几倍到百倍的快速变化。后来，将有这样特征的（遥远）星系称为**蝎虎BL天体**，简称**蝎虎天体**。它们共同的特征包括：一般呈恒星状，看不出结构，但一部分这类天体有暗弱的包层；射电、红外和可见光波段上都有亮度快速变化，时标为几小时至几个月；没有光谱吸收线和发射线，或很弱；各波段的连续辐射都是非热的，以红外波段上辐射的能量最多；辐射的偏振度大，并且有快速变化。

与其他活动星系相比，蝎虎天体最大的不同在于光变非常迅速并且飘忽不定。就蝎虎天体而言，视星等在$14^m \sim 16^m$范围内变化，偶尔可增亮至13^m，一天内亮度可变化10%～32%。有几个蝎虎天体亮度变幅达100倍。如此快的光变和大的变幅是难以设想的。很多蝎虎天体

图1.8-5 蝎虎BL天体

是致密的射电源，略带一点延展的结构，但与核心的强射电辐射相比，延展部分显得很弱，似乎是椭圆星系。最令人迷惑不解的是这类天体的光谱中竟几乎没有谱线，无法测定它们的距离。但已观测到蝎虎天体的光谱弱吸收线，它们是该天体周围的星云物质产生的，并测得红移z为0.07，由哈勃定律推算其距离为420 Mpc（百万秒差距）。此外，有些蝎虎天体位于星系团中，提供了它们是星系的间接证据。

最新的研究结果把蝎虎天体与所谓的平谱射电类星体统称为耀变体。平谱射电类星体的光谱与普通类星体类似，但和蝎虎天体一样存在着剧烈光变。

活动星系的统一模型。一个新领域的研究往往是从发现很多不同现象开始的，比如星系活动领域最先是由发现塞弗特星系、射电星系等现象开始的。随着研究的深入，科学家开始注意它们的相似性，并综合不同现象作为统一过程的不同方面。科学的目标就是通过组织证据和建立合乎逻辑的理论模型来解释自然界的真谛。

特殊星系按照光度构成一个能量序列，类星体最大，正常星系最小，因此，类星体似乎是性质多样的天体集合。目前广泛接受的观点认为，活动星系核的中心由超大质量黑洞和吸积盘构成。依据理论和

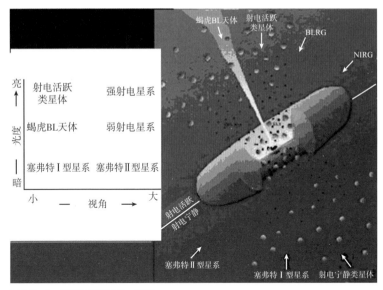

图1.8-6 活动星系的统一模型

观测研究，活动星系核中央是一个黑洞，周围的物质受到引力作用而下落，在黑洞周围形成了吸积盘。由于耗散作用，气体被加热到很高的温度，并逐渐下落到黑洞中央，并且形成了沿吸积盘法线方向的喷流。活动星系核的观测特征主要依赖于中心黑洞、吸积盘的特征以及视线方向。若视线垂直于吸积盘，显示蝎虎天体现象；若吸积盘略倾斜，看到高速热气体区发射的宽谱线，显示塞弗特Ⅰ型现象；若吸积盘侧向我们，看到的是中央盘上下远离中央的慢动气体的窄谱线，显示塞弗特Ⅱ型现象。

互扰星系和星爆星系

20世纪50年代，兹威基等人注意到《帕洛玛天图》上有一些紧邻的星系形态异常，它们附近常有星系际桥或尾出现。它们因为经历了密近相遇或碰撞的过程而遭受引力干扰，这样的星系为**互扰星系**。与活动星系不同，互扰星系原先是正常星系，其特殊性完全是由星系之间的密近相遇或碰撞而造成的。例如，双鼠星系是位于后发座的一对星系——NGC 4676A和NGC 4676B，因其形态如一对打闹的老鼠而得

图1.8-7 双鼠星系（NGC 4676A，NGC 4676B）

此昵称。这两个旋涡星系可能已经穿过对方，还在互撞，直至完全聚合在一起。这些长尾的形成是由于前端和后端受到个别星系的引力差而致的。

两个星系迎头相撞，如果相对速度不超过100千米/秒，相互作用的时间便足够长，它们可能合并成一个星系，称为**星系吞食**，其结构会发生很大变化，可把旋涡星系变为椭圆星系。例如，天线星系（NGC 4038和NGC 4039）的两个星系正面对撞，猛烈地撕扯着对方，在星系中心区域形成较长的恒星、灰尘和气体尾流。经过大约4亿年，这对碰撞星系最终将结合成为一个较大的星系。一些环状星系也是星系碰撞的产物。

20世纪80年代以来，探测到很多超强红外辐射的星系，它们的红外光度比光学光度一般大几十至100倍。在此之前，虽然天文学家已知几个邻近的星系（如M82）红外辐射超强，但只有当红外源被大批发现之后，才确立了一类新的星系——**星爆星系**。

可能因别的星系碰撞或互扰，触发（星爆）星系的气体和尘埃迅速形成大批恒星，新形成的热星发射很强紫外辐射而加热恒星际尘埃，转化为红外辐射光度增强。星爆星系的大批恒星形成在较大区域中（超过3 000光年），而活动星系的激烈活动出现在小的星系核内。例如，NGC 1569是鹿豹座的一个不规则矮星系，也是IC 342星系团的成员之一，由于距离我们较近（1 100万光年）而可以分辨出恒星。哈勃空间望远镜拍摄其红外像显示，它是在邻近星系的作用下剧烈爆发的星爆星系。

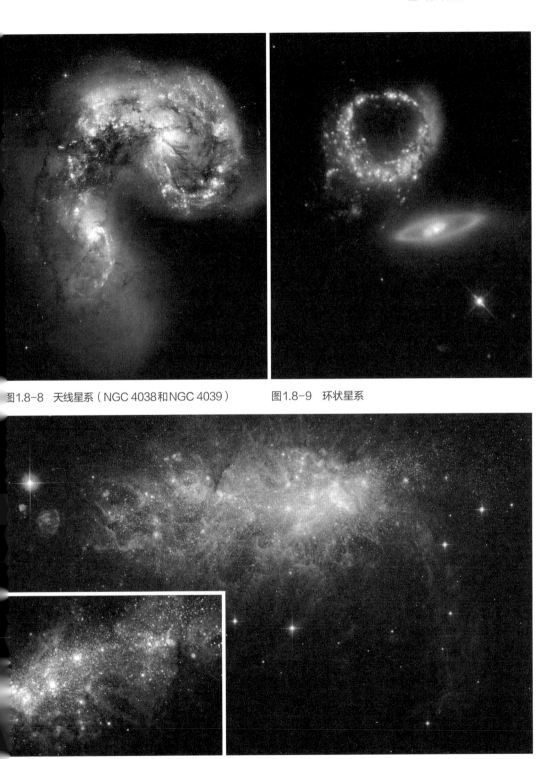

图1.8-8 天线星系（NGC 4038和NGC 4039）　　图1.8-9 环状星系

图1.8-10 鹿豹座的一个不规则矮星系NGC 1569，左下是其中央部分

9 星系团和超星系团

现今已经发现了上千亿个星系。它们的空间分布表明，星系大多集结成不同尺度的集团，集团内的成员星系之间有密切的物理联系。按照集团的大小和成员星系的多少，有多重星系、星系群、星系团、超星系团之分。

多重星系和本星系群

由几个彼此靠近且有物理联系的星系组成的集团称为**多重星系**，如互扰星系就是双重星系。当然，仅因投影效应而视位置靠近甚至重叠的两个相距非常远（因而没有物理联系）的星系就不是双重星系，如NGC 3314和NGC 3314b就是视向投影重叠而没有物理联系的两个星系。大麦哲伦云、小麦哲伦云与银河系组成三重星系，它们又与稍远一些的玉夫星系等几个星系组成多重星系。

星系群由十几至几十个星系组成，结构比较松散。距离银河系1亿光年范围内约有54个星系群，它们的直径为100万～800万光年。星系群的形状颇不规则，大质量的主要星系一般是旋涡星系。

银河系所属星系群称为**本星系群**或**本星系团**，已知的成员至少有41个。它们位于直径大约600万光年的区域内，总质量约6 500亿 $M_\odot$。在邻近这个区域的空间则缺乏星系。本星系群中的三个旋涡星系（M31、银河系和M33）是最大的成员，其余的大多是矮星系，椭圆星系与不规则星系约各占一半。这是观测矮星系难得的区域，因为远的矮星系太暗而难以观测到。

本星系群的结构很松散，在银河系和M31附近各有十多个星系聚集，形成本星系群中两个最明显的次群。以银河系为首的次群包括人

马座矮星系，大、小麦（哲伦）星系（云），小熊座矮星系、玉夫座矮
星系、天龙座矮星系、船底座矮星系、天炉座矮星系、狮子座Ⅱ、狮
子座Ⅰ等星系。现在已知距离银河系最近的星系是人马座矮星系，它
几乎位于银心的背后方向，受银河系前景星光的影响而难以观测到，
直到1994年才被发现。

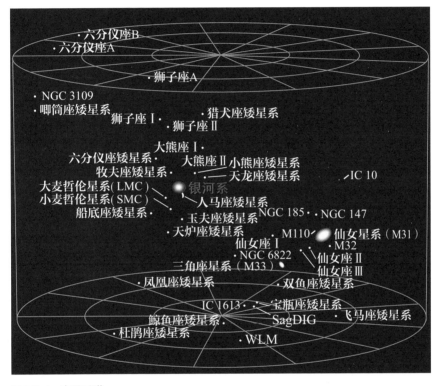

图1.9-1　本星系群

星系团

　　星系团与星系群没有实质性的区别，两者的不同只是成员星系的多
寡而已，其间没有严格界限，有的文献中把两者混为一谈。在《帕洛玛天
图》上可以认证出几万个星系团，在40亿光年内就有2 700多个星系团。
星系团分为富星系团和贫星系团，但只是相对而言，并没有严格划界。

　　星系团的线直径相差不大，平均为5 Mpc。按照形态结构，星系团
可分为规则星系团和不规则星系团两大类。**规则星系团**具有球对称的

外形，往往有一个星系高度密集的中心区域，又称球状星系团。它们包含的星系数较多，常有几千个，往往又是X射线源，其成员星系绝大多数是椭圆星系和透镜状星系，其他类型的星系很少。**不规则星系团**的结构松散，没有一定的外形，也没有明显的中央星系密集区，又称疏散星系团。星系群都是不规则星系团。不规则星系团包含的成员星系数相差很大，大的不规则星系团可包含几千个星系。不规则星系团里各种类型的星系都有，很少是X射线源。

武仙星系团。距离我们6.5亿光年的武仙星系团形状不规则，富含旋涡星系，还有少量椭圆星系。许多星系像是正在互撞或合并，显示出扭曲的形状。研究人认为武仙星系团和宇宙初期的年轻星系团很相似，因此，探索其中星系的形态和它们如何互相影响，可以找出星系和星系团演化的线索。

图1.9-2　武仙星系团

室女星系团。室女星系团是距离我们较近（约5 400万光年）的不规则星系团，约有1 300（也可能高达2 000）个星系，包括巨椭圆星系M87，估计中心区（约720万光年）质量为$1.2 \times 10^{15} M_\odot$。它分成三个次团，分别以M87、M86和M49为各自的中心。

图1.9-3 室女星系团中心区

后发星系团。距离我们3.21亿光年的后发星系团是典型的规则星系团，呈球对称形，直径约2 600万光年，中心区包含1 000多个亮星系，大多是巨椭圆星系，也有很多矮星系，成员星系可能达10 000个。中心附近有两个超巨型的椭圆星系NGC 4889和S0星系NGC 4874。

图1.9-4 后发星系团（空间望远镜所拍摄紫外和可见光的合成像）

超星系团

星系团是否集结成更大的集团呢? 1937年,霍姆伯格在分析了双重星系和多重星系的分布后,认为存在着一个"总星系云",尺度范围达100百万秒差距,这是**本超星系团**(Local Supercluster)最初的概念。20世纪50年代,沃库勒分析亮的1 000多个星系的分布,发现它们集中在几条带上,2/3的星系高度集中在一条平均宽12°的长带内,它几乎是垂直于银道的大圆。亮星系在北银极附近最密集,在南银极附近较稀疏,由此他认为,绝大部分较亮的星系属于一个大的扁平状本超星系团。他认为,本超星系团的长径为30 ～ 75百万秒差距,这里是许多星系云和星系团的集合体,包括本星系群、室女星系团、大熊星系团及50个左右较小的星系群和星系团。

本超星系团总质量约为$10^{16}M_\odot$,质量中心位于或靠近室女星系团,因而又称**室女超星系团**。银河系位于其边缘附近,距离质量中心约4 000万光年。它的扁平饼状意味着它可能在自转。它所含星系的98%仅约占总体积的5%,说明大部分体积完全没有发光物质。

阿贝尔分析编制了2 712个富星系团的表,其中约有50个超星系团,各包含10个左右星系团。超星系团常呈扁长形状,长径达几千万秒差距。较近的有武仙超星系团、北冕超星系团、巨蛇—室女超星系团等。

一般的超星系团只有两三个星系团,很少有超过几十个星系团的,空间范围为几千万至几亿光年,质量为$10^{15} ～ 10^{17}M_\odot$。不久前,美国天文学家发现了一个特大的超星系团,范围延展20亿光年,这引起了人们的注意。

从单个星系、双重星系、多重星系,到星系群、星系团、超星系团,构成了尺度越来越大的阶梯式或等级的集团结构。由于观测能力所限,没有发现超星系团集结成更大系统的证据。一度把观测所及宇宙各部分的全部称为**总星系**,或**观测的宇宙**,或**我们的宇宙**。

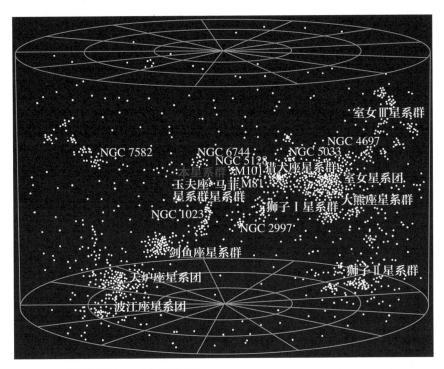

图1.9-5 本超星系团——室女超星系团

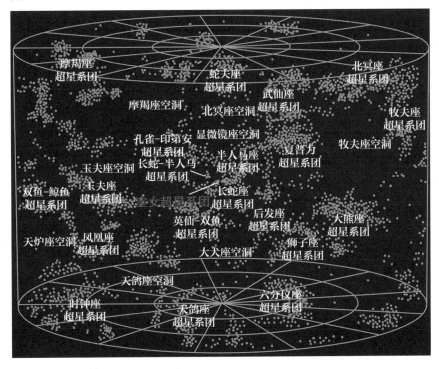

图1.9-6 邻近的超星系团

二、宇宙学

　　宇宙学研究宇宙的结构和演化，有观测宇宙学与物理宇宙学。以宇宙学原理和广义相对论为基础，建立"大爆炸"宇宙模型。宇宙的年龄有多少？可观测的宇宙有多大？暗物质和暗能量的存在是怎样认知的？让我们一起走进这些奇妙的宇宙问题吧！

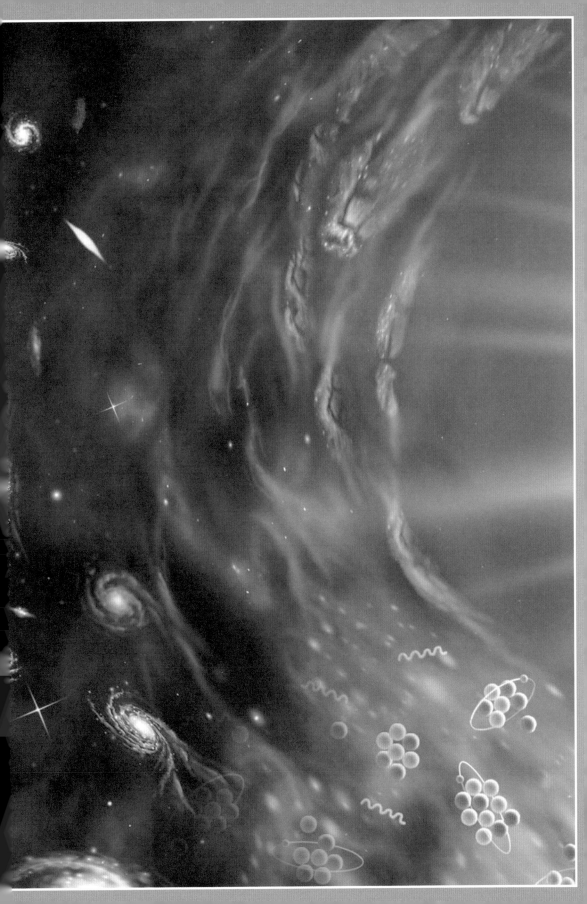

1 宇宙的大尺度结构

星系团和超星系团在空间如何分布，在更大尺度上宇宙有怎样的结构？**宇宙的大尺度结构**是指观测的宇宙在大范围内（典型尺度是10亿光年）物质和光的分布特征。近几十年来，通过不同波长的巡天调查和描绘，特别是21厘米辐射，获得了宇宙结构的许多内容和特性。

宇宙之网——长城、巨洞及"纤维"特征

一般的天图仅显示天体在天球上的二维视分布。在百万个星系的二维视分布图上，星系团分布不很均匀，有纤维状结构。随着观测技术方法的进步，深空遥远天体的探测研究取得很多成果。从丰富的红移数据得出大量星系的距离资料，可以绘制出星系的空间三维分布图像。好像把西瓜切成片来看瓜子的空间分布那样，图2.1-1反映了大量星系（以黑点表示）在一个片状空间的分布，银河系画在圆心，扇面圆弧相应于赤经范围135°，省略了片的厚度（赤纬窄带），半径代表星系距离（或观测的星系红移），它的中央部分是后发星系团。显然可见，星系分布呈现似"海绵"或"蜂窝""肥皂泡"状的"纤维"特征，与后发星系团距离（100 Mpc）差不多的几千个星系密集在一个称为**长城**（Great Wall）的带区（红线）中，长约170 Mpc，宽约60 Mpc，厚约5 Mpc，星系密度比周围高约5倍。这是已知的宇宙中最大的结构。星系很少的一些近

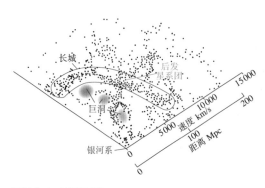

图2.1-1　宇宙之网

圆形巨大区域（直径20 ~ 100Mpc，为了醒目涂成蓝色），称为**巨洞**（Void）。

除了银道面附近的尘埃"隐带"遮挡，近银极区的遥远星系较易观测到。图2.1-2绘出了近银极区南、北两片的星系分布。不仅北片显示上述的巨洞、长城与纤维结构，南片也显示这样的结构。这些巨洞、长城与纤维结构表明，在星系团和超星系团的尺度上，星系的分布是不均匀的。但是就更大范围平均而言，宇宙物质的分布大体上可以近似当作均匀的。

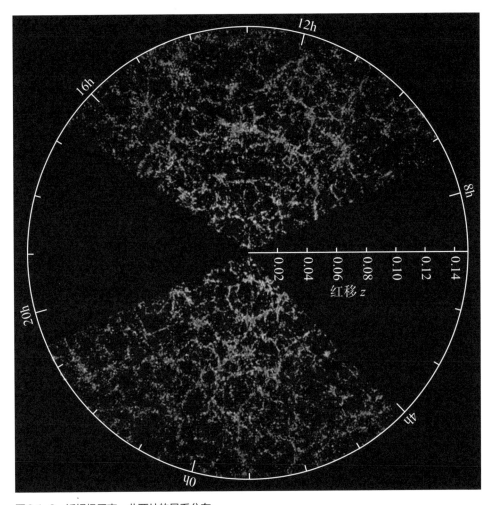

图2.1-2　近银极区南、北两片的星系分布

2 什么是宇宙学

　　人类自古以来就关注宇宙的结构和演化，如屈原的《天问》中有："遂古之初，谁传道之？上下未形，何由考之？"人们对宇宙的探索源远流长，牵涉到科学、哲学及宗教。虽然古代曾提出过日心说等朴素观念，但直到中世纪的漫长时期，宇宙学一直被纳入经院哲学体系，把地心说作为宗教神学的理论依据。直到哥白尼的日心说才科学地揭示：地球不是宇宙的中心，而是绕太阳公转的一颗普通行星。从此，才把科学从神学中解放出来，进而向深空探索迈进。

　　宇宙学（Cosmology）是从整体角度研究宇宙的结构和演化的一门学科。人类对宇宙的科学认识不断地发展，尤其是近些年来空间探测和理论研究取得了丰硕成果，现代宇宙学成为热门学科。

　　现代宇宙学包括密切联系的两个方面：**观测宇宙学**和**物理宇宙学**，前者侧重于发现大尺度的观测特征，后者侧重于研究宇宙的运动学和动力学及建立宇宙模型。

观测宇宙学

　　在观测所及的天区存在着一些大尺度的系统性特征，如河外天体谱线红移、微波背景辐射、星系的形态、天体时标、氦丰度等。

　　除几个近距星系之外，河外天体谱线大都有红移，而且绝大多数是一致红移，即各种谱线的红移量是相等的。此外，在星系团尺度上，对于不同类型的星系，在各自的红移量与视星等之间、红移与星系角径之间，存在着系统性的关系。它们反映着红移量与距离之间的规律。

　　在整个背景辐射中，微波波段比其他波段强，接近温度3K的黑体辐射谱。微波背景辐射大致是各向同性的。这种辐射的小尺度涨落不超过千分之二三，大尺度的涨落则更小一些。

河外星系的形态虽有多种，但绝大多数星系都可以归纳为不多的几种类型，即椭圆星系、旋涡星系、棒旋星系、透镜状星系和不规则星系。而且，各种类型星系的物理特征弥散范围不算太大。

从球状星团的赫罗图形状可以判断，较老球状星团的年龄差不多都达到100亿年。按照同位素年代学计算，太阳系中某些重元素是在50亿到100亿年前形成的，最老天体的年龄不超过150亿年。

在宇宙中，氢和氦是最丰富的元素，二者丰度之和约占99%。而许多不同天体的氢和氦丰度之比均约为3∶1。

这些大尺度上的现象反映出大尺度天体系统具有特别的性质，它们的结构、运动和演化并非小尺度天体系统的简单延展。现代宇宙学正是以研究这一系列大尺度上所固有的特征，而与其他天文分支学科相区别的。

物理宇宙学

宇宙模型主要包括三个方面的问题，即大尺度上天体系统的结构特征、运动形态和演化方式。关于大尺度上天体系统的结构，有两种不同的模型，一种是均匀模型，另一种是等级模型。均匀模型认为，在大尺度上天体分布基本上是均匀的和各向同性的，或者说在大尺度上没有任何形式的中心，没有任何形式的特殊点，这种假定称为**宇宙学原理**。等级模型则认为，在任何尺度上物质分布都具有非均匀性，即天体分布是逐级成团的。

河外天体的系统性红移现象与大尺度的运动形态有密切关系，这说明红移现象的各种理论都要涉及这个问题。大致说来，这些理论分为两种类型。第一种理论认为，系统性红移是系统性运动的反映，各种膨胀宇宙模型都属于这一类。第二种理论认为，红移现象不是系统性运动的结果，而是由另外的机制形成的。例如，假定光子在传播过程中能量慢慢衰减，或者假定红移是由天体本身结构不同而引起的，等等。

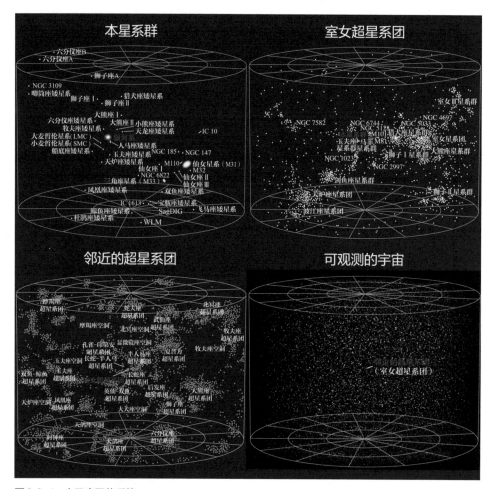

图2.2-1 大尺度天体系统

对演化问题的探讨自从发现红移后就开始了，但是大量的研究还是在微波背景辐射发现之后才进行的。根据微波背景辐射的黑体谱，可以用某个温度来标志大尺度天区的性质。问题是背景辐射从何而来？这个温度是怎样变化的？温度变化对天体系统的状态有什么影响？这就是宇宙模型要回答的问题。

按照大尺度特征变化与否来区分，有稳恒态宇宙模型和演化态宇宙模型；前者认为大尺度上的物质分布和物理性质不随时间而变化，后者则认为随着时间的推移基本特征有明显变化。按照与温度有关的演化方式来区分，则有热模型和冷模型；前者主张温度是从高到低发展的，后者则主张温度是从低到高发展的。按照物质组成来区分，有

"正"物质模型和"正—反"物质模型；前者主张宇宙全由"正"物质组成，后者则主张宇宙由等量的"正"物质和"反"物质组成。

在已有的各种宇宙模型中，与其他模型相比，热大爆炸宇宙模型解释的观测事实最多而且最有影响，发展为**标准宇宙学模型**。

宇宙学原理

现代宇宙学是建立在宇宙学原理和广义相对论基础上的。什么是宇宙学原理（Cosmological Principle）？它是怎么提出来的？由于宇宙的性质极其复杂，必须从观测事实出发，进行简化假设才能从理论上建立宇宙模型。

宇宙学原理始于哥白尼日心说的思想方法。哲学家康德陈述为"没有一个观测者有特别的位置"。随后，这一观念得到广泛公认和扩展，称为**宇宙学原理**，为了纪念哥白尼又称为哥白尼原理，表述为"宇宙在空间上（大尺度范围）是均匀和各向同性的"。爱因斯坦引进宇宙学原理时尚未测定宇宙中物质分布情况，有的书上说是为了简化广义相对论引力方程以便于数学上求解，后人沿用了下来，很大程度上是把它当作一个方便的工作假设。宇宙学原理也引申出如"在宇宙学尺度上，空间任一点及任一方向上，物理上是不可分辨的，不存在任何中心和特殊点，宇宙没有中心，也没有边缘"等表述。

近年来，宇宙学原理得到了大尺度星系巡天、X射线源分布、深度射电星系巡天、类星体的分布观测和宇宙微波背景辐射的高度各向同性的支持。然而，在较小尺度上宇宙中的物质分布显然是不均匀的，物质聚集成恒星、星系、星系团、超星系团，在大尺度上又显示长城、巨洞等结构特征，这引发了人们对宇宙学原理的质疑。

完全宇宙学原理是宇宙学原理的进一步推广。它的大意是：不仅三维空间是均匀的和各向同性的，整个宇宙在不同时刻也是完全相同的。运用完全宇宙学原理则能得到各种稳恒态宇宙学模型，但难以符合大量观测。

　　1973年，英国天体物理学家卡特提出了**人择宇宙学原理**（Anthropic Cosmological Principle，简称人择原理Anthropic Principle），并将其分为两种：弱人择原理和强人择原理。弱人择原理认为，作为观察者的我们之所以存在于这个时空位置，是因为这个位置提供了我们存在的可能。强人择原理则认为，我们的宇宙（同时也包括那些基本的物理常数）必须允许观察者在某一阶段出现。后来，很多人对其进行了解读和发展。理论物理学家霍金也在《时间简史》一书中提到了人择原理，他把它称作"人存原理"。相应地，提出了多重宇宙等模型。

　　20世纪以来出现了一些宇宙学的学派，并提出了许多具体的宇宙模型，其中大多采用了宇宙学原理，还采用了自然界普适原理——物理学定律可以用于整个宇宙。各种望远镜所看到的一切谓之可观测的宇宙，但不可能是宇宙的全部，还有一些天体因太暗和太远而尚未被看到。因此，存在比可观测的宇宙更浩瀚的**物理宇宙**，它包括直接的可观测的宇宙以及探测到有物理效应的客体（如暗物质等）。物理宇宙的真实性依赖于这样的假设：局部的物理定律适用于宇宙一切其他地方和一切时间。

3 牛顿宇宙模型与 奥伯斯佯谬

纵观历史，人类从实际活动中逐渐形成了空间、时间和物质的哲理概念。在地面的人和在行驶的汽车里的人观察事物的"角度"——参考系不同，地面的人参考静止的房屋而判断物体是否在运动，行驶的汽车里的人参考车窗而判断物体是否在运动。运动总是相对于某个参考系而言的。因为行驶的汽车也是相对于地面运动的，坐在汽车里的人说自己是静止的（相对于汽车）或是走动的（相对于地面），那么，地面的人怎么说明他的运动情况呢？这就有在相对于不同参考系运动表述的变换问题。我们在地球上观察到太阳每年在星空中绕地球转一圈，实质却是地球每年绕太阳公转一圈。

牛顿的绝对时空观

在哲理上，所谓宇宙观，即时空观，就是对时间和空间及物质关系的认识。不管每个人是否自觉地意识到了，事实就是这样——自己对人生和事物的认知实际上总是受宇宙观的支配。

牛顿倡导绝对时空观。他认为，绝对时间自身跟任何外在事物无关地均匀流逝着，绝对空间跟外在事物无关而且是永远相同和不变的。他把时间、空间和物质相互割裂而认为它们各自独立无关，绝对空间是三维的"框架"，绝对时间是无论何处测量两个事件之间的时间间隔，它们都是一样的、同时的。以前，一般人的直觉体验很容易接受这样的绝对时空观，只是到现代才逐渐接受相对论的时空观，大谈事物的相对论。要了解其深奥的科学知识背景，也的确存在一定难度。

相对做匀速直线运动的参考系称为惯性系，不同惯性系之间用伽利略变换，它集中反映了经典力学的绝对时空观。（1）时间间隔与惯性系的选择无关，若有两个事件先后发生，在两个不同的惯性系中的观测者测得的时间间隔相同。（2）空间间隔也与惯性系的选择无关，空间任意两点之间的距离与惯性系的选择无关。在经典力学中，物体的坐标和速度是相对的，同一地点也是相对的，但时间、长度和质量这三个物理量是绝对的，同时性也是绝对的。这就是经典力学的绝对时空观。

牛顿的无限宇宙模型

牛顿把他的引力理论应用于整个宇宙而提出无限宇宙模型。如果认为宇宙是有限的，就是认为宇宙有边界和中心，那么，由于各部分之间的相互吸引，物质必然落向中心而形成一个巨大的球，这与观测事实不符。而在一个无限的宇宙中，无边界、无中心，物质受到来自各方向的引力作用，它们相互抵消，从而物质停留在原地，但物质可以局部地各自聚集成团，彼此相隔很大的距离，散布在无限的空间内。牛顿的宇宙模型是无限的，总体是稳定的，只是局部区域的不稳定性才导致天体的形成。

奥伯斯佯谬

1826年，德国天文学家奥伯斯指出，如果宇宙是无限静止的和均匀的，那么观察者每一视线的终点必将会终结在一颗恒星上。那么不难想象，整个天空即使是在夜晚也会像太阳一样明亮，理论同观测的这种矛盾称为**奥伯斯佯谬**（Olbers Paradox），又称**光度佯谬**、**引力佯**

谬。这对牛顿的静态无限宇宙模型提出了挑战。有人提出反驳：远处恒星的光线被它经过的物质所吸收而减弱。其实这看似有理的反驳是站不住脚的，因为吸收光线的物质将最终被加热到发出和恒星一样强的光为止。无限静态宇宙只有一种情形能避免夜空像白天一样明亮，那就是：恒星不是在无限久远以前就开始发光的。在这种情形下，光线所经过的物质尚未被加热，或者远处的恒星光线尚未到达地球。在现代宇宙学中，也有人从奥伯斯佯谬引申出一些新的有关问题，至今仍在探讨。

如果存在一个绝对空间或"以太"，则物体相对于以太的运动就应当可以测量。迈克尔逊—莫雷的精确实验结果表明，光的速度在地球运动方向及其垂直方向完全一样，这就否定了绝对空间。现代的微观粒子实验和天文观测也否定了绝对时间。牛顿作为一个历史时代的科学巨人，其功绩已载入史册。虽然牛顿的引力理论在很多天文研究中是很成功的，但随着科学的发展，观测事实证明他的绝对时空观是不对的，而为相对论时空观和高级理论所取代。只能说，牛顿理论只是相对论在一定条件下的近似。

4 爱因斯坦相对论和他的宇宙模型

　　爱因斯坦（1879—1955）创立的相对论（Theory of Relativity）是关于时空和引力的理论，依据研究对象的不同，分为狭义相对论（特殊相对论，Special Relativity）和广义相对论（一般相对论，General Relativity）。相对论的创立是科学发展的重要里程碑，颠覆了人类对宇宙和自然的常识性观念，提出了时间和空间的相对性、四维时空、弯曲空间等全新概念，促进了现代物理学和天文学的发展。

爱因斯坦的时空观

　　相对论的基本假设是相对性原理，即物理定律与参考系的选择无关，打破了绝对时空观，建立起时间、空间、物质密切联系的相对论时空观。马赫和休谟的哲学对爱因斯坦影响很大。马赫认为，时间和空间的量度与物质运动有关，时空的观念是通过经验形成的，绝对时空无论依据什么经验也不能把握。休谟更具体地提出，空间和广延不是别的，而是按照一定次序分布的可见的对象充满空间，时间总是由能够变化的对象的可觉察变化而发现的。1905年，爱因斯坦指出，迈克尔逊和莫雷实验实际上说明关于"以太"的整个概念是多余的，光速是不变的。牛顿的绝对时空观念是错误的，不存在绝对静止的参考物，时间测量也是随参考系不同而不同。爱因斯坦在1916年发表的广义相对论中提出，时间、空间和物质之间不是相互独立的，而是密切联系在一起的，由物质的存在决定参考系的时空关系及不同参考系的时空变换关系。

狭义相对论

1905年，爱因斯坦创立**狭义相对论**。它的基础是有实验依据的两个基本假设：相对性原理（在相互做匀速直线运动的一切参考系［惯性系］中，物理学定律都相同）和光速不变原理（在任一惯性系中，真空各方向的光速都是确定值c，与光源的运动状态无关）。由此可导出惯性系四维时空（空间三维、时间一维）之间的劳伦兹变换公式：时间和空间不再是各自独立（无关）的，而是密切联系在一起的。我们观察到，运动物体在运动方向的长度缩短，运动的钟走慢，运动速度越接近光速，长度缩短和钟慢得越显著。这些结果得到大量的实验验证。例如，在实验室测到高速飞行的不稳定基本粒子平均寿命比在其自身（相对静止）惯性系中的寿命显得长了，飞行的距离缩短了。质量不是恒量，运动速度v时的质量m与静止质量m_0的关系为：$m = \gamma m_0$，$\gamma = 1/(1-v^2/c^2)^{1/2}$。只有在运动速度远小于光速的情况下，才近似地简化为以前的空间、时间、质量与运动无关的经典结果。他还得到著名的**质（量）—能（量）关系公式**：$E = mc^2$，说明能量与质量并不是彼此孤立的，而是互相联系而不可分割的。质量的改变，会使能量发生相应的改变；能量的改变，也会使质量发生相应的改变。利用它，可以计算原子核反应产生的巨大能量。例如，氢燃烧——四个氢原子核聚变为一个氦原子核时，由于质量减少而按照质—能公式计算释放出巨大能量，这样就可以解释太阳等恒星和氢弹的产能。

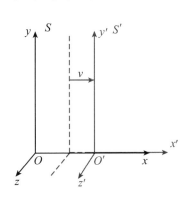

图2.4-1　狭义相对论原理

惯性系S'相对于惯性系S沿x轴以速度v运动，S'和S的原点O'和O重合时，钟针指零，S的静止观察者测量一事件发生的空间坐标和时间是（x，y，z，t），S'的静止观察者测量同一事件发生的空间坐标和时间是（x'，y'，z'，t'）。

牛顿力学的伽利略变换公式为：

$$x' = x - vt$$
$$y' = y$$
$$z' = z$$
$$t' = t$$

狭义相对论的劳伦兹变换公式为：

$$x' = \gamma(x-vt)$$
$$y' = y$$
$$z' = z$$
$$t' = \gamma\left(t-\frac{vx}{c^2}\right)$$

因此，按照狭义相对论（劳伦兹变换公式），在 S 坐标系观测到运动物体在运动方向的长度 $L[=x_2-x_1$，须同时测量 $t_2=t_1]$ 与该物体在 S' 坐标系的［相对静止］长度 $L'[=x_2'-x_1']$ 的变换公式为：$L'=\gamma L$，即在 S 坐标系看到运动物体在运动方向的长度 L（物体相对 S' 坐标系静止测量的）比长度 L' 缩短 γ 倍，但垂直于运动方向仍相等；时间间隔（在同地点，$x_2'=x_1'$），$T'=t_2'-t_1'$ 与 $T=t_2-t_1$ 的变换公式为：$T'=\gamma T$，即在 S 坐标系观测到运动的钟（时间间隔 T）比 S' 坐标系（相对静止的时间间隔 T'）慢 γ 倍。应当指出，由于运动的相对性，在 S' 坐标系也观测到 S 坐标系的物体在运动方向长度缩短和钟走慢。

广义相对论

爱因斯坦历经10年，研究非惯性系（有加速度的）更普遍情况的引力理论问题，提出等效原理（惯性质量等于引力质量，引力和惯性力的物理效果完全没有区别，换言之，不能区别重力加速度和其他力产生的加速度）和广义协变原理（一切参考系都是等价的，物理规律在任何坐标变换下形式不变），运用黎曼（非欧）几何方法，创立了**广义相对论**，建立了引力场方程，于1916年发表。

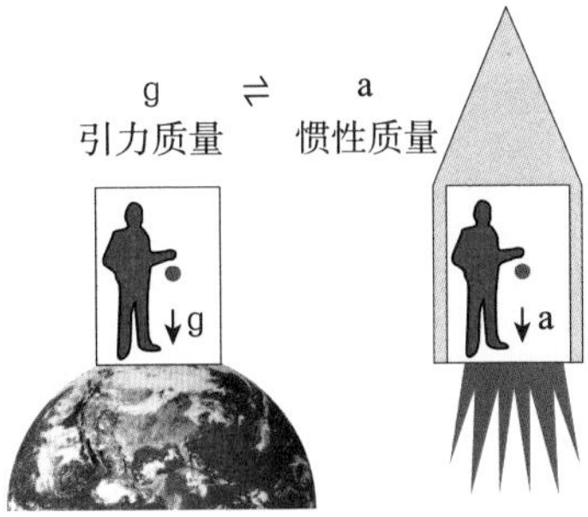

引力表现为由物质存在及其分布而导致时空弯曲，而引力场实际上是一个弯曲的时空。光线在引力场中弯曲，强引力场中时钟变慢。他用广义相对论推算的水星近日点进动、星光经过太阳近旁发生偏折，很快就被观测所验证。相对论效应得到越来越多的验证，推动了现代宇宙学的发展。

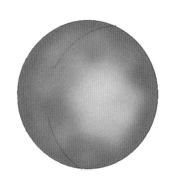

图2.4-2 广义相对论等效原理。在封闭飞船内不能区别小球下落的加速度是由于重力还是其他（惯性）力；引力质量等效于惯性质量

自相对论建立以来，已经过去一个世纪。它经受了实践和历史的考验，成为普遍承认的真理，对于现代物理学和天文学、现代人类思想的发展，都具有巨大而深远的影响。

爱因斯坦的静态宇宙模型

1917年，爱因斯坦用广义相对论的引力场方程来研究宇宙，建立了现代宇宙学的第一个宇宙模型。由于当时尚未发现河外星系的普遍退行现象，他提出的是一个"有限无边的静态宇宙模型"，这可以看成是四维时空中的一个三维超球面。为了便于理解，通常以一个二维球面作比喻，球面的总面积是有限的，但沿着球面没有边界，也无中心，球面保持静止状态。由于这是有限的宇宙模型，因此不存在奥伯斯佯谬。

那时，他已经感觉到了"宇宙有引力收缩的趋势"，为了不让这个不情愿的趋势破坏美好的静态，他在引力场方程中特别引入了一个反引力的"宇宙常数"，以抵消这种引力收缩的趋势。随着河外星系退行和宇宙膨胀的发现，爱因斯坦的静态宇宙模型被否定了。1930年，爱丁顿证明这个模型是不稳定的，只要有小扰动，就会膨胀或收缩。爱因斯坦也后悔在引力场方程中为达到静态而引入宇宙常数项。尽管如此，它毕竟是现代宇宙学的开端。

图2.4-3 爱因斯坦静态宇宙模型。沿着二维球面移动是没有边界和中心可言的，球面的总面积是有限的。球面可以是静止的，也可以是膨胀或收缩的，总面积随之变化，但总面积仍是有限的

5 弗里德曼的膨胀宇宙模型

图2.5-1 弗里德曼

1922年，苏联数学家弗里德曼（1888—1925）得到不含宇宙常数项引力场方程在均匀和各向同性条件下的一个重要解。1924年，他的论文阐述了膨胀宇宙的思想，即曲率分别为正、负、零时的三种情况，称为弗里德曼宇宙模型。在这个模型中，宇宙是膨胀的，星系与星系之间的距离在不断增大，且远离速度与距离成正比，即越远的星系有越大的远离速度。有趣的是，这个预言正好为1929年发现的哈勃定律所证实！

弗里德曼宇宙模型有三种情况，相应于三类宇宙空间。空间类型取决于平均密度ρ大于、等于、小于临界密度ρ_c，或密度参数$\Omega \equiv \rho/\rho_c$大于、等于、小于1。临界密度由引力常数$G$和哈勃常数$H_0$确定：$\rho_c = 3H_0^2/(8\pi G)$。$\rho$、$\rho_c$、$\Omega$都是随时间变化的，用下标0表示现在值。现在$\rho_c$的数量级为$10^{-26}$千克/米^3，相等于每立方米内约有3个氢原子，精确值取决于所选择的H_0值。$\Omega_0 > 1$，空间曲率指数$k = 1$，为三维球空间，宇宙是有限的和封闭的，宇宙的膨胀将停止，并转为坍缩。$\Omega_0 < 1$，空间曲率指数$k = -1$，为三维双曲空间，宇宙是无限的和开放的。$\Omega_0 = 1$，空间曲率指数$k = 0$，为三维欧几里得空间，宇宙是平直的和无限的。

三维弯曲空间无法图示，但可以图示其二维子空间（曲面）。$k = 1$的二维空间是球面，$k = 0$的二维空间是平面，$k = -1$的二维空间是马鞍形的双曲面。若每个曲面上的一点画同样半径为r的圆，那么，在三种曲面上的面积是不同的：平面上的圆面积是πr^2，球面上的面积小于πr^2（球冠展平会裂开），双曲面上的面积大于πr^2（展平会皱褶）。可以推论，半径为r的三维球，在平直时空其体积是$(3/4)\pi r^3$，正曲率时空其体积要小些，负曲率时空其体积要大些。可以认为星系的空间分布是均匀的，那么距离我们r的星系数目正比于体积，观测星系数目随r增大的变化就可以判别时空性质：与$(3/4)\pi r^3$成正比是平直时空，比这多的是封闭时空，比这少的是开放时空。

表2.5-1　宇宙的几何特性

宇宙类型	是否有限	二维几何	曲率指数	平均密度	密度参数	宇宙未来
封闭的	有限	球面	$k=1$	$\rho>\rho_c$	$\Omega_0>1$	坍缩
平直的	无限	平面	$k=0$	$\rho=\rho_c$	$\Omega_0=1$	一直膨胀
开放的	无限	双曲面	$k=-1$	$\rho<\rho_c$	$\Omega_0<1$	一直膨胀

注：ρ_c为临界密度，密度参数$\Omega_0 \equiv \rho_0/\rho_c$（$\rho_c$的下标0省略了）。

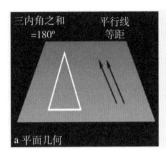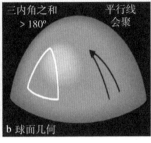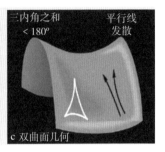

图2.5-2　三种几何的性质

宇宙标度因子

相对论引力场方程的解可以得到宇宙膨胀的规律：**宇宙标度因子**R随时间t变化$R(t)$。如前所述，对于平均密度ρ大于、等于、小于临界密度ρ_c（或密度参数Ω_0大于、等于、小于1）的三类情况，宇宙的膨胀是明显不同的。也应当指出，平均密度$\rho=0$或$\Omega_0=0$代表宇宙没有物质也没有引力的极限情况。对于$\Omega_0>1$，宇宙总是封闭的，现在的标度因子R_0相当于现在的宇宙半径，由于平均密度足够大，即宇宙物质足够多，引力大到足以使膨胀减慢，有朝一日膨胀速度减到零，而后变为收缩。对于$\Omega_0=1$或$\Omega_0<1$，由于平均密度不够大，引力不足以阻止膨胀，膨胀一直无限地继续下去。由于这

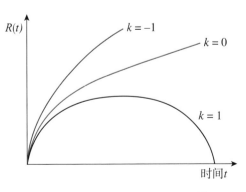

图2.5-3　宇宙标度因子R随时间t变化$R(t)$

两种情况的宇宙在任何时候都是无限的，无宇宙半径可言，标度因子 R_0 不再是宇宙半径，但是可看作宇宙中的某个典型尺度。

显然，标度因子 $R(t)$ 的时间变化率就是宇宙膨胀速度，引力场方程的解可以给出膨胀速度与距离关系的理论"哈勃定律"，结果又是与密度参数 Ω_0 有关，从而划分开放宇宙、封闭宇宙及平直宇宙三类情况。那么，是否可以由星系的红移（退行速度）和距离资料来断定宇宙属于哪种情况呢？对于较近的星系，三类宇宙的速度都近于和距离成正比，符合哈勃定律；然而，越远的星系就越偏离正比关系。不幸的是，远的星系更暗，退行速度尤其距离的测量更加复杂和困难，因而不够准确。最新观测资料支持 $\Omega_0 = 1$（平直宇宙）或 $\Omega_0 < 1$（开放宇宙）。

6 大爆炸宇宙模型

　　在弗里德曼从广义相对论场方程得到膨胀的宇宙模型后，1927年，比利时天文学家勒梅特（1894—1966）也独立地得到同样的宇宙膨胀结果。1929年，哈勃通过观测发现哈勃定律，证明宇宙在膨胀。那么，逆推过去，物理学家进一步推测：在过去，宇宙曾经处于一个密度极高且温度极高的状态。1931年，勒梅特进一步提出"原生原子假说"，认为宇宙正在进行的膨胀意味着它在时间反演上会发生坍缩，发生下去直到宇宙中的所有物质都会集中到一个几何尺寸很小的"原生原子"上，时间和空间的结构就是从这个"原生原子"产生的。然而，具有讽刺意味的是，大爆炸理论的名称却是来自其反对者霍伊尔。霍伊尔在1949年3月的BBC广播节目中将勒梅特等人提出的理论称作"**大爆炸**"（the Big Bang），这一观点后来被广泛采用。应当指出，这个爆炸与炸弹爆炸时弹片向空中飞散的情景不同。我们不能指出某一特殊点，说大爆炸发生在哪儿，而是大爆炸发生在空间自身在各处的膨胀，无论从什么地方和向什么方向观测，都观测到在大距离处宇宙早期充满的热气体发出的同一宇宙背景辐射。

　　20世纪40年代，美国宇宙学家伽莫夫（1904—1968）与他的学生阿尔菲（1921—）和赫尔曼（1914—1997）提出了热大爆炸宇宙学模型。该模型认为，宇宙最初开始于高温高密的原始物质，温度超过几十亿度；随着宇宙膨胀，温度逐渐下降，形成了现在的星系等天体。他

图2.6-1　伽莫夫

们还预言了宇宙微波背景辐射的存在，研究了大爆炸中元素合成的理论。1948年，以阿尔菲、贝特、伽莫夫三人的名义发表了标志宇宙大爆炸模型的论文，称为 $\alpha\beta\gamma$ 理论（取三个人名字的谐音）。

大爆炸理论最早也最直接的观测支持证据包括从星系红移观测到的哈勃定律、对宇宙微波背景辐射的精细测量、宇宙间轻元素的丰度（太初核合成），而今大尺度结构和星系演化也成为新的支持证据。这四种观测证据有时被称作"大爆炸理论的四大支柱"。

大爆炸年表

通过广义相对论，将宇宙的膨胀进行时间反演，可得出宇宙在过去有限的时间之前曾经处于一个密度和温度都无限高的状态，这一状态被称为**奇点**。奇点的存在意味着广义相对论理论在这里不适用。仍然存在争论的问题是，借助广义相对论，我们能在多大程度上理解接近奇点的物理学——可以肯定的是不会早于普朗克时期。宇宙极早期这一高温高密的相态被称作"大爆炸"，这被看作是宇宙的诞生时期。通过观测 Ia 型超新星来测量宇宙的膨胀，对宇宙微波背景辐射温度涨落的测量，以及对星系之间相关函数的测量，计算出宇宙的年龄大约为137.3（±1.2）亿年。

大爆炸模型在极早期宇宙遇到奇点等疑难，广义相对论不适用，需要考虑量子力学特性，用量子理论来修正广义相对论，于是人们开始探索量子宇宙学。宇宙极早期的暴涨模型较好地解决了大爆炸模型在极早期宇宙的疑难，并连接于大爆炸模型。在宇宙大爆炸的混沌中产生粒子，随着宇宙的膨胀和冷却，粒子过程导致了当今宇宙中物质相对于反物质的主导地位。

大约在大爆炸3分钟后，宇宙的温度降低到大约10亿度的量级，密度降低到大约海平面附近空气密度的水平。部分质子和中子结合成氘和氦的原子核，这个过程叫作**太初核合成**，而大多数质子成为氢的原子核。随着宇宙的冷却，宇宙从辐射为主转变到物质为主。

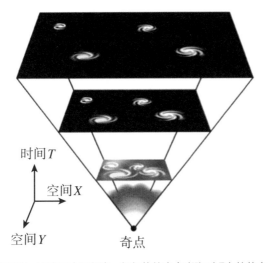

图2.6-2　根据大爆炸理论，宇宙是由极紧密、极炽热的奇点膨胀到现在的状态

虽然宇宙在大尺度上物质几乎均匀分布，但仍存在早期涨落所致的某些密度稍大的区域。因而，此后相当长的一段时间内，这些区域内的物质（包括尚不知是什么的暗物质）通过引力作用吸引附近的物质，从而普通物质变得密度更大，并形成了气体云、恒星、星系等可观测的结构。这一过程的具体细节取决于宇宙中物质的形式和数量，其中形式可能有三种：冷暗物质、热暗物质和重子物质。另一方面，对Ia型超新星和宇宙微波背景辐射的独立观测表明，当今的宇宙被一种称作暗能量的未知能量形式主导着，暗能量被认为渗透到空间中的每一个角落，起着抵抗引力的斥力作用，使宇宙膨胀加速。

7 四种基本相互作用力 和大统一理论

　　大爆炸宇宙学不仅阐明大量与天文现象有关的宏观和微观的特征与过程，而且与现代物理学互相渗透，尤其是把原本互不相干的粒子物理和宇宙学紧密地结合在一起，相互促进发展。宇宙学研究需要粒子物理的思想、理论和方法，而粒子物理的理论需要在宇宙（特别是早期宇宙）中去验证。

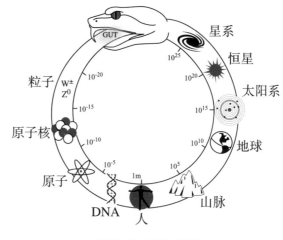

图2.7-1　大统一理论

四种基本相互作用力

　　迄今为止，观察到的所有物质的物理现象都可以归结为四种基本相互作用，常称为**自然界的**或**宇宙的**四种基本相互作用力：强核力、弱核力、电磁力和引力。最熟悉的是宏观上的电磁力和引力，它们是在无限范围起作用的"长程力"；而弱核力和强核力仅在原子内短程起作用。

引力相互作用是四种基本相互作用中最弱的，但是引力又广泛地作用于所有物质，其实际作用范围最大，尤其在宇观的天体之间相互吸引更重要，例如，引力可以使天体引力束缚而成团。引力也常用一定质量天体的引力场来表述。1687年，牛顿建立了经典的万有引力定律：两物体之间的相互吸引力与它们的质量乘积成正比，与它们的距离平方成反比。1915年，爱因斯坦建立广义相对论，将引力场用另一种方式——时空几何表述，而牛顿定律则是其近似。在量子引力理论中设想由粒子——引力子来传递引力，但目前还没有观测到引力子。

宏观世界有很多电磁相互作用现象和广泛应用。19世纪中叶前，把电和磁看作是两种独立的事物，例如，两个带电粒子之间的作用力与电荷乘积成正比，与距离平方成反比，但电荷有正、负，异性相吸，同性相斥。虽然电磁力比引力的强度大得多（10^{38}倍），也是"长程力"，但实际上会遇到较近物质作用的抵消。麦克斯韦证明电与磁实际上是电磁现象的同一种基本相互作用——电磁力的两个方面，可以用同一组电动力学方程式加以表述。到20世纪中叶前，这一表述的改进包括了量子效应，产生量子电动力学（QED），这是一种规范理论，其精髓是：带电粒子，如电子和质子，通过交换光子而相互作用，而光子被看作是电磁场的量子。

弱核力和强核力仅在原子内短程起作用。弱核力负责大质量核子的放射衰变，例如，中子衰变为质子、电子和反中微子，以及中微子和其他粒子相互作用。强核力把质子和中子束缚在原子核内，其强度最大。

宇宙开始时温度极其高，密度和能量极其大，所有四种相互作用力是等同的。20世纪70年代提出**弱电理**

表2.7-1 自然界的四种基本相互作用力

力	相对强度	范围 / m	作 用	传递作用的中间粒子
强核力	1	10^{-15}	维系原子核	胶子
电磁力	10^{-2}	无限	维系原子，支配电磁波传播	光子
弱核力	10^{-14}	10^{-17}	放射性衰变	玻色子（$W^{\pm}$，Z^{0}）
引力	10^{-40}	无限	行星，恒星，星系及其运动	引力子

论来统一电磁力和弱核力，预言的三种中介矢量玻色子（$W^{\pm}$，Z^{0}）在20世纪80年代被发现证实，此理论用在宇宙温度10^{15}K以上（相当于大爆炸后10^{-12}秒）。理论学者尝试建立**大统一理论（GUT）**来统一弱核力、强核力和电磁力，用在宇宙温度10^{28}K（相当于大爆炸后的10^{-35}秒）时，但尚未完成。现在寻求统一所有四种力的理论，涉及把粒子不是处理为点，而是处理为多维时空的**超弦**（Superstrings）。超弦是普朗克长度（10^{-33}厘米）的，已知粒子的性质由超弦的振动产生。超弦可以是开放的，可以是封闭为一环的；它们可以相互作用、合并、连接及分裂，由于它们振动而大为复杂。然而，存在扭绕而保持超弦相互作用对称的数学仅用在十维时空。在普朗克长度大小的区域仍"掺杂"额外维数，终究会破坏对称，具有常见的四维时空，而隐蔽丢失的六维。目前，超弦还处于理论物理学的思索边缘。

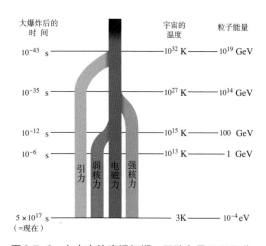

图2.7-2 在宇宙的高温初期，四种力是不可区分的。随着宇宙膨胀和变冷，四种力分开并触发宇宙大小的突然暴涨

8 暴涨宇宙模型

虽然大爆炸宇宙模型经受了一些观测事实的检验而取得成功，但还存在一些疑难，尤其是宇宙极早期的奇点、视界、平直性等问题。有人提出暴涨宇宙模型（Inflation Model of the Universe）来解决这些疑难。近十多年来，暴涨理论和观测验证进入精准宇宙学时代，成为现代宇宙学的重要组成部分，对宇宙学和物理学的发展都具有划时代的意义。

大爆炸宇宙模型的疑难

奇点疑难。以大爆炸时刻作为计时的起点，所有的物质堆积在一起，密度、温度及能量趋于无限大，数学上称为**奇点**，但这不符合量子物理学。量子物理学有著名的不确定关系：动量和位置不能同时测准，能量和时间也如此，因而有最小的普朗克时间 5.3906×10^{-44} 秒、普朗克长度 1.6160×10^{-33} 厘米、普朗克质量 2.1767×10^{-5} 克，以及普朗克能量 1.221×10^{28} 电子伏。从大爆炸到 10^{-43} 秒称为**普朗克时代**（Planck Epoch），仍在探索量子引力理论来处理那个时期的宇宙学问题。现有的物理定律不能确切地给出宇宙从时间 0 到 10^{-43} 秒的量子混沌（夸克汤）情况。可以考虑的图像是，或许并非一个而是多个大爆炸从先前的物质时空大量产生，每个大爆炸宇宙各自很快发展，变为从其产生处退耦。

平坦性疑难。按照大爆炸宇宙理论，到普朗克时代，

若物质密度 ρ 略偏离临界密度 ρ_c，那么后来就会大为放大；只有精确的 $\rho/\rho_c=1$（精确到 10^{-58}），才可能演化为现在观测的宇宙，意味着那时的宇宙是平直的。这称为**平坦性疑难**。

视界疑难。大爆炸时刻发出信号，t 时刻仅以光速 c 传到"视界"的距离 $L=ct$，大统一时代（$t\approx10^{-36}$ 秒）的视界 $L\approx3\times10^{-26}$ 厘米，而用现在观测的宇宙尺度逆推的大统一时代的尺度 $R\approx3$ 厘米——这是当时视界的 10^{26} 倍，从而大于视界范围的区域就根本无因果联系。然而，现在观测尺度内的物质分布基本是均匀的，没有因果联系的区域怎么可能无缘无故地均匀和同温？这就是**均匀性疑难**或**视界疑难**。这些疑难的关键在于早期宇宙膨胀太慢。

暴涨宇宙模型的提出

早在 1965 年，Gliner 提出宇宙处于类真空状态下指数式膨胀约 e^{70} 倍的图像，而 Sakharov 讨论了暴涨宇宙的密度扰动。1979 年，Starobinsky 提出宇宙暴涨的一个方案。1981 年，Zeldovich 提出暴涨宇宙"从无"产生。同年，顾斯提出了一种暴涨模型。他放弃绝热膨胀的假设，认为宇宙极早期经历高速膨胀（暴涨）过程，从大爆炸之后的 10^{-36} 秒开始持续到 $10^{-33}\sim10^{-32}$ 秒，宇宙空间膨胀了 10^{50} 倍，可见瞬间的膨胀有多么剧烈。这就可以同时解决视界疑难和平坦性疑难，迈出了暴涨模型发展的重要一步。顾斯的模型称为**旧暴涨模型**，其主要困难在于要么暴涨不能开始，要么开始之后永不停止。Linde 对顾斯模型进行了改进，认为宇宙从高温相到低温相发生"相变"（可以用水结冰的相变作比喻），而产生对称性的自发破缺，解决了宇宙均匀和各向同性问题及暴涨的终结问题，称为**新暴涨宇宙模型**。1983 年，Linde 又提出了**混沌暴涨（Chaotic）模型**，抛弃"相变"概念，采用平方标量场的暴涨，宇宙可以从较高势慢滚到较低势。此模型更加简洁，也为以后的模型构造提供了清晰指导。20 世纪 90 年代，Linde 还提出了**杂化**或**混合（Hybrid）暴涨模型**，继而形成流行的版本：随着"暴涨子"

的演化，与它耦合的辅助暴涨场逐渐成为不稳定的，使宇宙向引力势的极小值滚动而导致暴涨的结束。此模型不仅有更宽的参数空间，而且普遍存在于各种超引力和超弦模型中。

事实上，从20世纪80年代到90年代，从粒子物理的标准模型、超引力和超弦理论出发，构造出的许多暴涨模型，依然没有摆脱上述几类暴涨模型限定的框架。这一时期，原初扰动的理论也逐步建立起来，暴涨期间的扰动提供宇宙大尺度结构形成的种子，更重要的是原初扰动在微波背景中留下了可观测的印迹。因此，微波背景不均匀性的探测就成为检验和证实暴涨模型的重要手段。

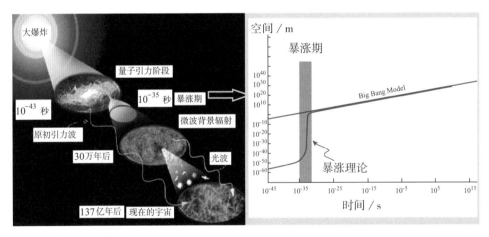

图2.8-1　暴涨宇宙模型

中国科学院高能物理研究所宇宙学研究团队提出"精灵反弹暴涨宇宙学"的理论体系。假设宇宙中存在一种"精灵"（Quintessence）物质，能够使宇宙演化速度发生较大的改变。在大爆炸之前宇宙源自一个收缩的时空，在到达奇点之前便发生反弹，变成暴涨和膨胀的宇宙，便不会有那个可怕的奇点。此时的宇宙便好像一辆赛车，需要在撞上前方障碍之前突然调头，并沿另一条路继续前行，这需要娴熟的"赛车手"来完成，而"精灵"正是胜任这一任务的角色。在此理论框架下，可以解释原初引力波会在宇宙微波背景辐射中留下的特殊极化B模式信号，及其与欧洲航空局普朗克实验卫星观测结果之间的冲突，还可以解释宇宙早期产生的时空涟漪，以及宇宙微波背景辐射中的可观测信号等。

暴涨理论预言时空几何是平坦的、密度参数 $\Omega_0 = 1$ 的（平坦）开放宇宙。这意味着背景辐射在宇宙各方向保持平行，有足够的物质和能量保持宇宙是平直的。这个结果和1998年报告的两个超新星观测结果都强力支持令人震惊的观念——某种尚不具体了解的**暗能量**造成宇宙膨胀率加速，使 $\Omega_0 = 1$ 所需质量–能量的约5%是重子物质（组成原子的材料），约30%是暗物质，它们仅构成平坦宇宙的质量和能量的35%；另外的65%不是引力物质，而是"暗能量"的有斥力（与宇宙常数有关）的东西（？）! 宇宙就永远膨胀。

9 暗物质和暗能量

近些年来，暗物质（Dark Matter）和暗能量（Dark Energy）成为时髦的话题。一些观测和理论证据表明，宇宙中存在大量的暗物质和暗能量，但是又不知道它们究竟是什么。暗物质和暗能量是21世纪科学发展的两朵乌云，是当代最重大的科学研究课题，可能会像20世纪初产生量子物理学和广义相对论那样蕴含着一场科学革命。

暗物质存在的证据

暗物质是指无法通过电磁波的观测进行研究，也就是不与电磁力产生作用的物质。目前，只能通过其引力产生的效应而发现宇宙中存在大量的暗物质。

早在1932年，荷兰天文学家奥尔特根据银河系恒星的运动而提出银河系应该有更多物质的想法。1933年，兹威基通过对后发座星系团的研究，推断它应含有不可见物质。美国女天文学家鲁宾观测星系自转时，发现星系外侧的自转速度比牛顿引力预期的快，因此推测有数量庞大的物质拉住星系外侧成分，以使其不会因过大的离心力而脱离星系。1980年，她与同事共同将此结果发表，这成为存在暗物质的有力证据。

2006年，钱德拉X射线望远镜观测星系团1E 0657-558，无意间观测到星系碰撞的过程，威力之猛使得暗物质与正常物质分开，因此发现了暗物质存在的直接证据。

暗物质是什么

天文学家们虽然对暗物质进行了许多天文观测，但至今仍未能全然了解暗物质究竟是什么。早期认为暗物质是一些隐藏天体，如黑洞、中子星、衰老的白矮星、褐矮星等，一般将它们归类为晕族大质量致密天体（MAssive Compact Halo Objects，缩写为MACHOs），但多年来无法观测到足够量的MACHOs。一般认为，难以探测的重子物质（如MACHOs及一些气体）确实是暗物质，但证据表明这类物质只占了其中一小部分，其余的部分称作"非重子暗物质"，一般猜测是由一种或多种不同于一般物质（电子、质子、中子、中微子等）的基本粒子，推测可能有**大质量弱相互作用粒子**（Weakly Interacting Massive Particle，简称WIMP）、**轴子**（Axion）、**惰性中微子**（Sterile Neutrino）等新粒子。可能的暗物质分为三大类：冷暗物质、温暗物质、热暗物质。此分类并非依照粒子的真实温度，而是依照其运动的速率。**冷暗物质**是在经典速度下运动的物质。**温暗物质**是粒子运动速度足以产生相对论效应的物质。**热暗物质**是粒子速度接近光速的物质。近些年来，有人已进行新粒子的实验室直接探测和间接探测，虽然发现有些迹象，但并无确切结论。此外，有人尝试用引力理论的修正及量子引力来替代暗物质。

虽然不能直接观测到暗物质，但从其引力效应（如引力透镜效应）的观测可以间接地得出暗物质的空间分布。

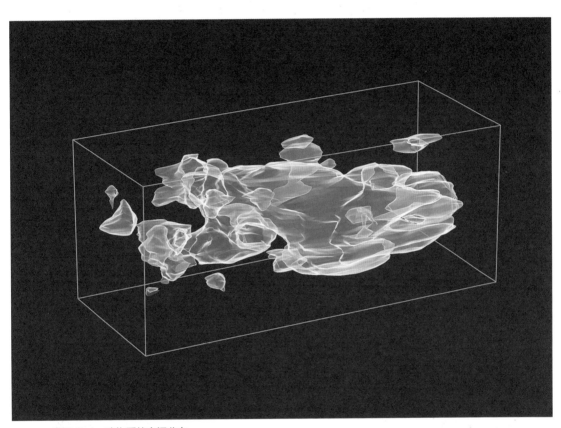

图2.9-1 暗物质的空间分布

今天的宇宙

加速膨胀
在形成50亿年后，暗能量使宇宙加速膨胀

暴涨
在大爆炸发生后的10^{-35}秒内，宇宙以超光速爆裂开来，向四面八方抛射出物质和能量

大爆炸
大约137亿年前，宇宙从一个极端高温和高密度的初始状态出发，急剧扩张开来

图2.9-2 宇宙的形成过程示意

暗能量存在的证据

暗能量是指一种充溢空间的具有负压强的能量。按照相对论，这种负压强在长距离内起着反引力的作用。这是为了解释一种加速膨胀和缺失物质而引入的新概念。虽然暗能量的存在来自观测的间接推断和理论结果，但是有三个主要支持证据。（1）根据遥远星系距离与红移量的观测，显示宇宙在其演化过程的后半段经历了加速膨胀。（2）实际观测的宇宙是平坦的，表明宇宙的物质密度应当近似等于大爆炸理论中的临界密度。但是，暗物质和通常物质的观测总量加起来都远远不够，需要有额外的物质贡献质量。（3）宇宙大尺度质量密度的傅立叶谱支持暗能量存在的假设。

Ia型超新星是测量遥远距离的标准量天尺。由不同距离的Ia型超新星的观测得出宇宙膨胀是否加速。1998年，高红移超新星搜索队发表Ia型超新星的观测结果，显示宇宙在加速膨胀。1999年，超新星宇宙学计划确证了该结果。发现这一惊奇结果的波尔马特（1959—）、施密特（1967—）和里斯（1969—）获得了2011年诺贝尔物理学奖。

宇宙微波背景辐射的观测结果是我们的宇宙接近平坦，因此宇宙的总物质量应当接近等于临界密度。2003年，威尔金森微波各向异性探测器（WMAP）得出的宇宙成分分配数据是，宇宙物质的72.8%是暗能量，22.7%为暗物质，通常物质占4.5%。2013年，普朗克实验卫星给出的宇宙成分数据是，宇宙物质的68.3%是暗能量，26.8%是暗物质，4.9%是通常物质。

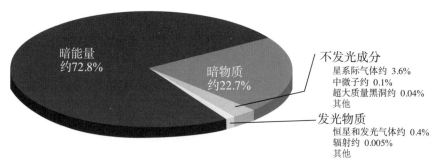

图2.9-3 宇宙成分的分配（一种大致情况）

暗能量的理论解释尝试

目前，通常假设宇宙的暗能量各向同性，密度非常小，且不与通常物质发生任何除引力之外的相互作用。暗能量的物质密度非常小，仅约 10^{-29} 克/厘米^3，因此很难直接发现它。但是，因为暗能量应当充满了所有的宇宙空间，因此它占宇宙质能总量的大部分，显著地影响了宇宙整体的演化。目前的两类暗物质理论——宇宙常数理论和基本标量场理论，都包含了暗能量的两种重要性质——均匀和负压。

爱因斯坦的引力场方程并不能禁止一个宇宙常数项。虽然爱因斯坦本人宣称这是他一生中最严重的错误，但是现在宇宙的加速膨胀效应似乎表明，引力场方程中应该有这么一项，虽然它很小。宇宙学常数项等效于一种物质，它处处存在，且具有负压强，即相当于斥力作用。描述粒子物理的量子场论预言了真空"不空"，它里面充斥了各种虚粒子涨落，因此真空本身当然具有能量，称为"真空能"，这种量子效应导致的真空能等效于一个宇宙学常数。不幸的是，多数粒子物理理论预言的真空能数值过大，通常比测出的暗能量密度多出120个数量级，因此，这也是粒子物理学理论中存在的一个很深刻的问题。

可以在理论中直接引入一种标量场（可称作"第五元素"），用以驱动宇宙加速膨胀。与前述的宇宙常数理论不同，标量场理论允许暗能量有一定的不均匀。为了避免不均匀的程度太大，这种标量场的质量必须很轻，也必须被量子化。但是标量量子场论的质量并不是稳定的，不能保证标量场在重整化后的质量项仍然很小。这样，理论面临困难。一些标量场理论预言暗能量的密度将随着时间的流逝而不断增加，甚至能最终导致"大撕裂"。

总之，暗能量之谜还有待于科学家进行新的观测研究。

10 霍金和他的宇宙模型

图2.10-1　霍金

霍金（Stephen William Hawking, 1942—2018），英国著名物理学家和宇宙学家。他的主要研究领域是宇宙论和黑洞，证明了广义相对论的奇性定理和黑洞面积定理，提出了黑洞蒸发现象和无边界的霍金宇宙模型，在统一20世纪物理学的两大基础理论——爱因斯坦创立的相对论和普朗克创立的量子力学方面迈出了重要一步。

霍金的传奇人生

霍金童年时学业成绩并不突出，但喜欢设计复杂玩具。据说，他曾用一些废弃物制作出一台简单电脑。他17岁进入牛津大学攻读自然科学，随后转入剑桥大学研究宇宙学，23岁时取得博士学位，留校进行研究工作。1963年，他被诊断患有运动神经病，医生判断他只能再活两年。但他在手术后奇迹般地活了下来。在往后数十年里，他逐渐全身瘫痪，并失去了说话能力。但是他凭借着坚毅不屈的意志，与疾病战斗，取得了科学研究的重要成就。

20世纪70年代初，霍金与彭罗斯提出"宇宙大爆炸前必然有奇点"的观点。随后，他结合量子力学及广义相对论，提出黑洞发出一种能量而最终导致黑洞蒸发，该能量被命名为**霍金辐射**，引起全球物理学家的重视。他的数年研究成果蜚声学术界，1975～1976年，他先后获得伦敦皇家天文学会爱丁顿勋章、梵蒂冈教皇科学学会十一世勋章、霍普金斯奖、美国丹尼欧海涅曼奖、马克斯赖克奖和英国皇家学会的休斯勋章，1978年再获爱因斯坦奖。自1979年，他被聘为剑桥大学的卢卡斯教授（牛顿曾任过的荣誉职位），1989年获英国爵士称号，2006年获英国皇家学会（与爱因斯坦及达尔文齐名的）科普利奖章。1983年，霍金和合作者进一步提出的"宇宙无边界"观点，改变了当时人们对宇宙的看法。

霍金的科普著作（如《时间简史：从大爆炸到黑洞》《果壳中的宇宙》《大设计》等）畅销全球。他到世界多地进行公开演讲，成为轰动公众的明星，出版有《霍金讲演录——黑洞、婴儿宇宙及其他》《宇宙的起源与归宿：听霍金讲万物之理》等。他还与人合作，写了儿童科幻小说《乔治的宇宙秘密钥匙》。

霍金有很多激励人生的名言，如"一个人如果身体有了残疾，绝不能让心灵也有残疾""生活是不公平的，不管你的境遇如何，你只能全力以赴""虽然我行动不便，说话需要机器的帮助，但是我的思想是自由的""我们一世为人被教导很多常识，但常识往往只是偏见的代名词"。

霍金的宇宙学

广义相对论建立后不久，哈勃发现星系退行而认识到宇宙膨胀，逆推过去则意味着宇宙有开端，提出宇宙大爆炸说来进行解释。微波背景辐射的发现成为宇宙大爆炸说的有力证明。

自20世纪70年代，霍金先后与不同学者提出多项学说，改变着人类对宇宙起源的看法。他与彭罗斯提出奇性定理：时间及宇宙是有起点和终点的，肯定了宇宙大爆炸学说，推翻了时空是永恒存在的学说。按照该定理，他进一步提出"宇宙无边论"，指出在膨胀中的宇宙外，并没有任何人类认知的"空间"存在。

霍金认为，广义相对论只能推测宇宙如何演化，却不能判断它如何起始。于是，他试图合并量子理论及广义相对论，期望以此解释整个宇宙从诞生以来的演化过程。然而，广义相对论和量子力学是分别处理极大尺度宇宙现象和极小尺度物质结构的。至今，科学家仍在探索把这两套理论合并为所谓大统一理论。霍金的研究为此踏出了重要一步。霍金的量子宇宙学的一块基石是假说宇宙无边界，其理论是自足的，即原则上，按照科学定律便可以将宇宙的一切都预言出来。他提出的无边界宇宙模型作出很多预言，例如，空间是均匀和各向同性

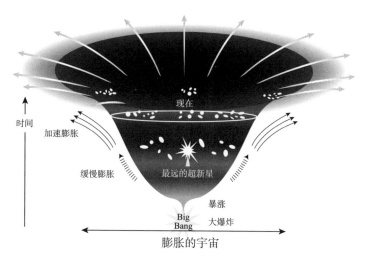

图2.10-2　霍金的宇宙模型

的；时空是平坦的，天体成团的结构起源于量子涨落；太空存在太初引力波；宇宙常数为零；宇宙的无序度即熵随时间增加，这就决定了时间的箭头方向。宇宙的"边界条件就是没有边界"，就如同地球表面有限但无法找到边际一样，时间也是有开始的。他与合作者提出，解决奇点疑难的一种可能方案是各向同性、均匀的、具有微小涨落的宇宙。根据无边界的假设，导出宇宙在普朗克极早期的暴涨行为和量子涨落所致宇宙结构的谱，正是这种涨落的演化而发展为星系，微波背景的精确观测显示了涨落的涟漪。

霍金在黑洞的研究上颇有建树，论证了黑洞并不是完全黑的，而是会发出一种辐射（称为**霍金辐射**），辐射的温度和黑洞质量成反比，这样黑洞就会因为辐射而慢慢变小，而温度却越变越高，它以最后一刻的爆炸而告终。黑洞辐射的发现具有极其基本的意义，它将引力、量子力学和统计力学统一在一起。他把这些结果联系到宇宙大爆炸，大爆炸的奇点不但被量子效应所抹平，而且整个宇宙正是起始于此。

11 宇宙的年龄是多少

　　宇宙年龄是指自大爆炸开始至今所经历的时间，最新的观测和理论研究得出宇宙年龄为 137.798（±0.37）亿年。

　　不确定的精确度 0.37 亿年是多个科研项目对宇宙微波背景辐射的测量所得的研究结果的平均导致的，其中使用的先进科研仪器和方法已经能够将这个测量精度提升到相当高的精度。宇宙微波背景辐射的测量给出的是宇宙自大爆炸以来的冷却时间，而由宇宙膨胀速度的测量进行时间逆推可计算近似的宇宙年龄。虽然对宇宙最早期的情况还不甚了解，但其时间在秒以下，因此，在上述精确度内可以忽略。

宇宙年龄的下限

　　因为观测到的天体都是在宇宙膨胀过程中形成的，所以这些天体的年龄可以作为宇宙年龄的下限。例如，可以从最冷矮星的温度推算其年龄，由古老的球状星团的赫罗图可以测定出其年龄。虽然这些年龄的测定结果可以大致地给出宇宙年龄的下限，但准确度不高。

宇宙年龄的精确测定

　　宇宙微波背景是宇宙大爆炸留下的最早余辉。随着先进仪器的精确测量获得的资料，结合理论研究，可以准确地推算宇宙年龄。但观测到的只是现在情况，逆推到宇宙最早期则需要知道宇宙参数。最重要的是哈勃常数 H_0 和密度参数 Ω，可以由现在的观测值逆推到大爆炸至今的宇宙年龄。

假定宇宙含有通常的（重子）物质、冷的暗物质和辐射（包括光子和中微子）及一个宇宙学常数（暗能量），每种物质所占的比例由 Ω_m（重子+暗物质）、Ω_r（辐射）、Ω_Λ（宇宙学常数）表示。对于测定宇宙年龄的问题而言，这三个参数及哈勃常数 H_0 是最重要的，其他参数是次要的。理论研究得出，宇宙年龄为 $t_0 = (1/H_0) F(\Omega_m, \Omega_r, \Omega_\Lambda \cdots\cdots)$，$F$ 是与 Ω_m、Ω_r、Ω_Λ 等有关的修正因子；最重要的是哈勃常数 H_0，取 H_0 的最近值 68 km/(s·Mpc)，则哈勃时间 $1/H_0 = 144$ 亿年。修正因子 F 需要复杂的数值计算。根据普朗克卫星的最新结果，$(\Omega_m, \Omega_\Lambda) = (0.308\,6, 0.691\,4)$，$F = 0.956$，宇宙年龄为 137.664 亿年；而对于没有宇宙常数的平坦宇宙，$F = 2/3$。综合近年最新最准确的观测资料，得出宇宙年龄为 137.798（±0.37）亿年。

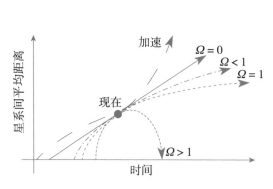

图 2.11-1　在暗能量概念提出之前，普遍认为宇宙是物质主导的，因而密度参数 Ω 相应于 Ω_m。注意到加速膨胀的宇宙有最长的年龄，而大挤压的宇宙有最短的年龄

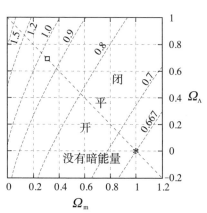

图 2.11-2　宇宙年龄的修正因子 F 值表现为两个宇宙学参数（重子密度 Ω_m 和暗能量 Ω_Λ）的函数。这些参数的最佳符合值用左上角的方块表示，而没有宇宙常数的物质主导宇宙用右下角的星号表示

12 可观测的宇宙有多大

可观测的宇宙有多大，这是一般不熟悉广义相对论宇宙学的人经常喜欢问的问题，也是难以用普通常识可以解答的问题。不少人以为，以宇宙年龄（约138亿年）乘以光速得出"宇宙半径"为138亿光年，宇宙直径就是276亿光年，这是完全不对的。广义相对论宇宙学的基本前提是宇宙学原理：宇宙在空间上（大尺度范围）是均匀和各向同性的，宇宙没有特殊的中心，这是被观测事实证明了的。宇宙开始的"大爆炸"不是书刊图示那样如同日常所见的从炸弹爆炸点向绝对空间四面八方飞出碎屑，而是相对论空间多处都同样膨胀。所谓"宇宙半径"，更确切地说是"尺度因子"，观测证明它是随时间而变大的。比如说，在大爆炸后某时刻同时形成的两颗星之间的距离是1光年，那么，随着宇宙膨胀，在随后的时间里，它们之间的距离就越来越大。好比在气球表面画两个点，随着气球的不断膨胀，两个点之间的距离会越来越大。

观测到最远天体的距离问题

我们都有这样的体验，随着汽车的远去，汽车尾灯看起来越来越暗，到很远就看不清了。与此类似，同样的天体，距离我们近的看上去很亮，距离我们远的看上去就暗得多，更远的就看不见了。人们研制了威力越来越强大的望远镜，能观测到更远的发光天体，不断地更新着纪录，从而认识到的宇宙范围越来越大，新的发现纷至沓来，美妙有趣的宇宙令人惊叹。

怎么测定遥远天体的距离呢？科学家从观测事实和理论研究，发现一些很有效的方法。一种是所谓"标准烛光法"。例如，同类超新星都有相似的发光光度，而作为"标准烛光"，根据观测的亮度与距离平方成反比的规律，加上合理地改正星际物质减光等，就可以得到其距离。例如，在 NGC 1260 星系观测到超新星 SN 2006GY 的距离为 2.68 亿光年，在 NGC 2770 星系观测到 SN 2008D 的距离为 8 800 万光年，在 M101 星系观测到 SN 2011fe 的距离为 2 100 万光年。

另一种重要方法是利用哈勃定律，由红移量测定距离。例如，2006 年，观测到红移量为 6.96 的星系，根据红移和宇宙模型，可算得该星系现在距离我们约 288 亿光年；2008 年，观测到红移量为 6.7 的伽马射线暴，现在距离我们 280 多亿光年；2009 年，观测到红移量为 8.2 的伽马射线暴 GRB 090423，现在距离我们 290 多亿光年。很多人会问，比如说，最后那个伽马射线暴的光是经过 290 多亿年才到达地球吗？这个时间都超过宇宙年龄了，不合理呀！其实，我们观测遥远天体所见到的是它很久以前的过去情况，按照相对论宇宙学模型计算，该伽马射线暴发生于大爆炸之后的 6.3 亿年，发出的光传播到地球用的时间是 131 亿年，那时它距离地球（还未形成）很近，而现在经过 130 多亿年的宇宙膨胀，它远离到距离我们 290 多亿光年了。同样，依据相对论宇宙模型，观测到的这些遥远天体的光都是大爆炸后不久时发出来的，传播到地球的时间都是小于宇宙年龄的，它们都随着宇宙膨胀而现在距离我们 200 多亿光年了。按照现代宇宙学模型，红移量越大的天体越是接近宇宙早期产生的，相应于宇宙年龄138亿年，最远天体的距离就近于极限450多亿光年，考虑相反方向的极远天体，也可以不恰当地说，现在的宇宙最大尺度为900多亿光年。随着宇宙的空间继续膨胀，宇宙的最大尺度也会变大。

关于我们的宇宙之外

按照相对论，我们的宇宙是有界无边、无中心的，三维空间和一维时间与物质和能量密切联系在一起。按照我们习惯的思维，这是很难理解的。可用二维的有界无边球面作比喻。随着宇宙的空间膨胀，球面变大了，代表天体的球面各地之间的距离就远了。而且，观测事实也是相当有局限的。虽然思维尽可以开放一些，但观测事实总是认识的依据与检验。现在已知，光速是信息的最快传递速度，我们还无法观测到我们的宇宙之外，也不确切地知道大爆炸之前是怎样的。现在有些人认为，我们的宇宙之外还有很多其他宇宙，虽然现在与我们的宇宙没有信息联系，我们观测不到它们，但这些宇宙都好比泡泡，当它们演化过程中接触到我们的宇宙泡，就会改变演化进程。当然，见仁见智，究竟如何，还有待科学家们进一步观测研究和不断探索。

三、宇宙的演化

　　宇宙的起源和宇宙的早期演化，恒星和星系的形成和演化，各代相继有佳话。太阳系起源星云说、行星形成演化各有标准模型和数值模拟。宇宙的未来将如何？也有不同的推测和探索。

1 为宇宙演化谱写简历

　　宇宙是有限的？还是无限的？有没有开端和终了？宇宙及各类天体是如何演化的？自古以来，人们就关注和探索着这些问题。历史上的某些猜想曾经演绎成为神话故事，如我国"盘古开天辟地"的传说。英国有一名主教根据《圣经》"推算"上帝在公元前4004年用6天创造了天地万物。科学测定的地球年龄约46亿年，仅这一事实就否定了上帝创世说。现代天文观测和理论研究越来越多地揭示着宇宙的奥秘，可以谱写宇宙演化的"简历"了。当然，某些争议问题还有待深入研究。

　　根据现代精密的观测和理论研究得出：我们观测的宇宙开始于137.798（±0.37）亿年前的热"大爆炸"。早期宇宙演化的大趋势是从极热、极密向冷而稀演化，宇宙的空间膨胀变大；早期宇宙演化留下通常物质及暗能量、暗物质，早期宇宙的小涨落"种子"导致通常物质聚集形成星系、恒星及其行星，而它们的演化是局部的，宇宙空间仍会膨胀下去，对于怎么终止还不能定论。

宇宙的早期演化

　　根据星系谱线红移、宇宙的空间膨胀、宇宙微波背景辐射等观测证据，利用广义相对论和粒子物理等理论，建立的**大爆炸**模型成功地阐述了宇宙演化的主要特征。1976年，温伯格撰写了科普书《最初三分钟》，其中生动而清楚地介绍了宇宙的早期演化。高温高密状态的早期宇宙，仅用3分钟就极其高效率地完成了宇宙物质的奠基工作。宇宙极早期存在的疑难由**暴涨理论**解决了。后来的新发展解释了很多观测，作出了新预言，发展为流行的标准宇宙学理论模型。宇宙演化历程存在几个重要时期和一些时代交错，简列于图3.1-1。

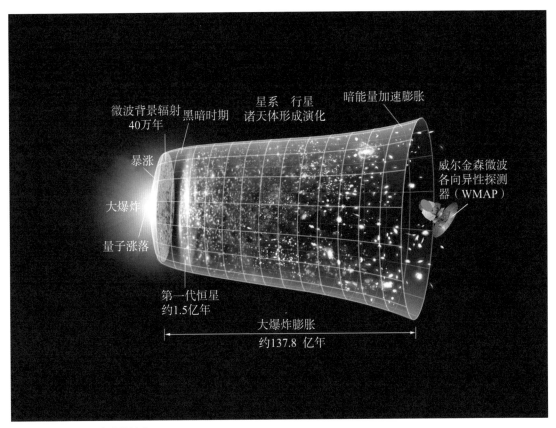

图 3.1-1 宇宙的演化

普朗克时代

从大爆炸到 10^{-43} 秒称为**普朗克时代**（Planck Epoch），是传统（无暴涨）大爆炸宇宙学的一个时期。那时的温度极其高，以致四种基本力（电磁力、引力、弱核力、强核力）是（不分的）一统基本力；传统的大爆炸宇宙学依据广义相对论和量子效应而无解，预言的大爆炸极早期是引力奇点。根据量子物理学的著名不确定关系导出：最小的普朗克时间是 $5.390\ 6 \times 10^{-44}$ 秒，普朗克长度是 $1.616\ 0 \times 10^{-33}$ 厘米。应当运用量子引力理论来处理宇宙学极早期问题，但这种理论仍在探讨中。

在暴涨宇宙学中，暴涨结束（约大爆炸后 10^{-32} 秒）之前的时间，不允许传统的大爆炸时序。或许可以考虑的图像是，并非一个而是多个大爆炸从先前的物质时空大量产生。每个大爆炸宇宙各自很快地发展，变为从其产生处退耦。我们的宇宙与其他宇宙没有物理联系地走着自己的演化之路。

大统一时代

从大爆炸后 10^{-43} 秒到 10^{-36} 秒，宇宙经历**大统一时代**（Grand Unification Epoch）。此时期，四种基本力中的三种（电磁力、弱核力、强核力）统一为电核力（Electronuclear Force）；在普朗克时代结束时，引力就跟电核力分开。此时期产生出重子（Baryon，包括质子、中子及更大质量的基本粒子）多于反重子（反质子、反中子等）的不对称性，结果导致今天宇宙中的正物质远多于反物质。否则，在宇宙膨胀冷却过程中，重子和反重子就会全部湮灭，不会留下现在的（重子）物质世界。这种转变也触发接续的宇宙暴涨。

暴涨阶段

在大爆炸后约 10^{-32} 秒之前，宇宙经历在空间各方向迅猛膨胀——暴涨阶段，早期宇宙的线度暴涨至少达 10^{26}（可能更多）倍，体积增大至少 10^{78} 倍。暴涨使宇宙更均匀。暴涨结束后，宇宙演化开始使用原先的大爆炸理论，即暴涨仅对标准模型的极早期做了修改。宇宙暴涨结束后，宇宙充满夸克—胶子等离子体。

弱电时代

按照传统的大爆炸宇宙学，弱电时代始于大爆炸后 10^{-36} 秒。在暴涨宇宙学中，弱电时代始于暴涨结束，大致在大爆炸后 10^{-32} 秒，统一的强核力与弱电力分开。

夸克时代

大爆炸后 $10^{-32} \sim 10^{-6}$ 秒是夸克时代（Quark Epoch）。该时代结束时，四种基本力都成为现在形式，基本粒子有质量，但宇宙温度仍太高，而不允许夸克结合起来形成强子（Hadron）。强子是一种亚原子粒子，所有受到强相互作用影响的亚原子粒子都称为强子，包括重子和介子（Meson）。重子由三个夸克或三个反夸克组成，其自旋总是半整数的粒子，包括质子和中子等。介子由一个夸克和一个反夸克组成，其自旋总是整数的粒子。

强子时代

从大爆炸后的 10^{-6} 秒到 1 秒是强子时代（Hadron Epoch），可以形成包括诸如光子和中子的强子，主导宇宙物质。大致在 10^{-6} 秒开始，宇宙温度降到足够低，允许先前夸克时代来的夸克结合起来形成强子。起初温度足够高，允许形成强子/反强子对，保持物质与反物质处于热平衡。但是，因为宇宙温度继续降低，不再产生强子/反强子对。然后，大多强子与反强子在湮灭反应中消除，留下少量残余重子。到大爆炸后1秒，反重子完成消除，开始轻子时代。

轻子时代

从大爆炸后1秒到10秒是轻子时代（Lepton Epoch）。到重子时代结束，大多重子与反重子相互湮灭，留下轻子（是不参与强相互作用、自旋为半整数的粒子，包括电子、μ子、中微子）与反轻子主导宇宙物质。大爆炸后约10秒，宇宙温度降到不再生成新的轻子/反轻子对，大多轻子与反轻子在湮灭反应中消除，留下少量残余轻子。

光子时代

从大爆炸后10秒到38万年是光子时代（Photon Epoch），宇宙由核子、电子和光子组成。在轻子时代结束时，大多轻子和反轻子湮灭后，宇宙的能量由光子主导。这些光子仍频繁地跟带电的质子、电子和（最终地）原子核相互作用，延续到后38万年。

核合成时代和复合时代

从大爆炸后3分钟到20分钟是核合成（Nucleosynthesis）时代。在光子时代期间，宇宙温度就降到可以开始形成原子核。在核聚变过程中，质子（即氢原子核）与中子开始结合为原子核。自由中子与质子结合而形成氘。氘迅速结合为氦 4（^{4}He）。由于宇宙的温度和密度降低到核结合不能继续，核合成仅持续约 17 分钟。到此时，所有中子都结合到氦核，剩下的氢约为氦 4 的三倍（质量），还有痕量轻元素锂（Li）、铍（Be）。

大约在大爆炸后 37.8 万年，带电的电子和质子首先复合为电中性的氢原子。由于宇宙变冷，电子被离子俘获而形成电中性的原子，这种过程称为"复合"（Recombination）。在复合结束时，宇宙中的大多质子束缚于中性原子。因此，光子的平均自由程有效地变为无限，宇宙变为透明，即通常谓之"（光子）退耦"。退耦时存在的光子就成为我们观测到的宇宙微波背景辐射——由于宇宙膨胀而大为变冷了。

辐射为主和物质为主的两大时期

大约在宇宙的头 4.7 万年是"辐射为主的时期"。伽马射线（光子）连续地与物质相互作用，辐射和物质耦合在一起。它们随宇宙膨胀而一起冷却，光子因空间

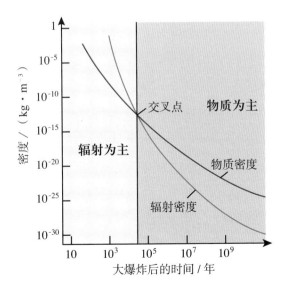

图 3.1-2　宇宙演化的辐射为主时期和物质为主时期

的宇宙学红移而能量减小，辐射移向长波。由于温度还很高，电子的能量很大，不能跟核素结合为中性原子，宇宙总体是大致等量带正、负电荷粒子的等离子体。这期间，很多重要事件确定了现在的宇宙性质。例如，复杂的粒子相互作用而建立正粒子与反粒子的微小不平衡，反粒子和几乎所有正粒子湮灭，留下少量多余的正粒子来"建造"我们的宇宙。

当变稀的辐射能量（或按质—能关系的相应质量）密度降到小于（造星）物质的能量密度时，光子退耦，辐射为主的时期结束；随之，转到中性原子气体（造星）**物质为主的时期**，物质的能量密度超过辐射密度和暗能量。随后，宇宙变为透明，遗留下来的宇宙背景辐射随宇宙膨胀而红移为至今约3K背景辐射。各种天体都是在物质为主时期之后，由普通物质陆续形成的，也包括暗物质的作用，延续百亿多年。

黑暗时期

大爆炸后38万年到约1.5亿年（现在认为持续1.5亿年至8亿年）是黑暗时期（Dark Ages），宇宙背景辐射温度在此期间从4 000K冷却到约60K。在光子退耦之前，宇宙中的大多光子在光子—重子流中跟电子和质子相互作用，宇宙是不透明的或"雾气的"，存在光，但我们无法用望远镜观测到，因而该时期的宇宙是"黑暗的"。宇宙中的重子物质由电离的等离子体组成，仅在复合期间获得自由电子才变为中性，从而释放光子而产生宇宙微波背景辐射。当光子释放（或退耦）时，宇宙才变为透明。此时，仅发射中性氢的波长21厘米射电，原则上甚至可以比微波背景更有利于研究早期宇宙。

恒星时期

宇宙早期不存在恒星，那么，何时才形成最早的第一代恒星呢？虽然缺乏观测资料，但从宇宙学理论推算，大约在大爆炸 1.5 亿年后开始形成首批恒星，标志着宇宙演化进入几代恒星形成和演化的延续长达千亿年的恒星时期。分析 2015 年观测的宇宙微波背景辐射得出，第一代恒星是在大爆炸 5.6 亿年后亮起来的。第一代恒星起初仅由先前的氢氦元素组成，没有重元素，但在其演化过程中依次发生一系列核合成而生成重元素，经爆发而抛到星际，后来又参与下一代恒星的形成和演化，直到恒星形成终止。

再电离

大爆炸后 1.5 亿年至 10 亿年，由引力坍缩形成首批恒星和类星体，它们发射的强辐射再电离周围宇宙。此后，宇宙的大部分由等离子体组成。最远的可观测天体就是此时期的。

星系形成演化

大约大爆炸后 10 亿年到 100 亿年是星系的形成演化时期。最新的观测表明，最老的星系形成时期还早些，大约是在宇宙初期 7 亿年形成的。不同星系、星系团的形成演化情况将在后面陆续介绍。

2 第一代恒星是怎样形成的

虽然无法观测到一颗恒星形成演化的全过程，但是由于存在几代的处于不同演化阶段的大量恒星，就如短时间内通过观察众多不同年龄的人而总结出一般人的生命史那样，经过几十年来对大量恒星的观测研究，已经可以相当清楚地了解多类恒星的形成演化史。

第一代恒星的形成

按照宇宙学理论，大爆炸后宇宙经历"黑暗时代"，其结束时形成第一代恒星。这些宇宙最早的曙光彻底改变了早期宇宙，进而形成色彩缤纷的各种天体。

大约在大爆炸后几亿年才可能孕育第一代恒星。显然，随着宇宙膨胀，它们的相应红移量必然大于20。而且，这些恒星已完成演化而结束其一生了，或许还可以留下某种余迹。由于其特殊的形成环境，这些恒星形成模式和性质与后代恒星有很大差别。那时除了原初核合成的少量轻元素锂（Li）外，没有其他重元素，即所谓"金属度"近于零。一般认为，第一代恒星质量可能很大（几十到几百倍太阳质量），演化快，寿命仅几百万年，其核燃料耗尽后，有的以超新星爆发结束寿命，抛出核燃烧产生的"金属"重元素混合到周围，更有效地冷却。因此，后代形成的恒星就不同了。

在恒星的形成和演化史中，吸引与排斥的基本矛盾起主要作用。一般来说，吸引主要是引力，排斥主要是热压力。当引力大于热压力时，星际的局部小云团就收缩而形成恒星；当引力与热压力平衡时，恒星就维持稳定状态；当引力小于热压力时，恒星就发生爆发。早在1902年，金斯提出弥漫物质中出现引力不稳定性，使局部区变密而形成恒星等天体，导出了出现不稳定性的"金斯判据"或"金斯定理"：只有局部区的总质量大于"金斯质量（M_J）"（约 10^3 太阳质量），才会收缩变密从而形成天体，金斯质量由密度、温度决定。在天体演化研究中，常用能量的比较来判断物质团的稳定性，可以导出与金斯判据相当的"维里定理"，而且推广到包括各种能量形式的普适公式，自转能、湍动能、内能、磁能都是抗衡引力而阻碍收缩的，外面的压力则有助引力收缩。

由于缺乏观测资料，近些年来才开始宇宙第一代恒星形成的理论探索。早期宇宙的物质分布是很均匀的，也有局部的小涨落扰动。随着时间推移，这些扰动在引力作用下增长，较快地形成小尺度的结构，大尺度的结构则形成较慢。一般认为，首先在引力作用下形成稳定的"暗物质晕"，直到其质量超过临界的金斯质量时，普通物质气体会被吸进暗物质晕内。进入过程中，气体温度升高，压强增大，最终温度与暗物质的维里温度一致，达到平衡状态。

刚进入暗物质晕的气体密度远大于宇宙平均密度，但还小于恒星所需密度。此后，气体如果可以通过辐射冷却而降低温度和压强，从而使金斯质量值变小，就会在引力作用下收缩，但氢原子的辐射冷却不够有效，成为恒星形成的"瓶颈"。

基于宇宙学初始条件的数值模拟显示，在维里温度约 1 000K，在约 1 亿太阳质量的所谓"迷你"暗物质晕中会形成原初气体云，进而形成第一代大质量恒星。在标准的冷暗物质模型中，这是发生在大爆炸后几亿年、红移量为20～30时。这些迷你暗物质晕有很强的成团性，因而对周围原初气体云的命运来说，第一代恒星产生的反馈效应是非常重要的。由于大质量恒星的远紫外辐射会破坏其母气体云的氢分子而致冷却效率降低，一个暗物质晕中可以形成一个或两个大质量（太阳质量几百倍）的第一代恒星。图3.2-1给出了一种模拟结果。

当迷你暗物质晕的中心积聚了足够多物质，原初气体云的质量超过金斯质量，就迅速坍缩，先形成较小的原恒星，吸积周围气体而成长为大质量的第一代恒星。此过程涉及原恒星的一些反馈效应。这种"标准模型"的一个关键假设是暗物质仅与重子物质发生引力作用。

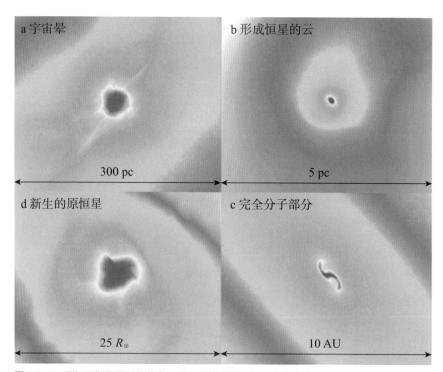

a 宇宙晕

b 形成恒星的云

300 pc

5 pc

d 新生的原恒星

c 完全分子部分

25 $R_☉$

10 AU

图3.2-1　原初原恒星周围气体在不同尺度的分布。红色是高密度区。
a：迷你暗物质晕周围的气体分布；b：形成恒星的气体云；c：完全分子的中央部分；d：最终的原恒星（版权：AAAS）

另外，也可能形成由暗物质湮灭供能的恒星，即所谓"暗物质星"。如果远紫外辐射非常强，气体无法冷却到较低温度，坍缩的气体块可能是质量非常大的（甚至达十万到百万太阳质量），就可能直接坍缩为一个超大质量的黑洞，称为早期的"迷你类星体"（Miniquasar）的中心天体。

第一代恒星的性质和结局

第一代恒星刚形成时，内部只能由"氢燃烧"的质子—质子链核反应生成氦，产能率低，恒星继续收缩并导致中心温度更高，再由"氦燃烧"产生少量重元素，然后由碳—氮—氧循环反应来维持其稳定的主序阶段，因此，其温度很高，光谱更"硬（高能部分更强）"。

第一代恒星的结局取决于质量。大致来说，10 ~ 40太阳质量的恒星会成为超新星爆发，40 ~ 140太阳质量的恒星会直接坍缩为黑洞，140 ~ 260太阳质量的恒星会以正负电子对不稳定超新星形式向周围抛出金属，260太阳质量以上的恒星又会直接坍缩为黑洞。

总之，对于第一代恒星目前还主要是理论模拟方面的研究，仍在研究并探讨可能的观测证据。例如，或许可能观测到第一代恒星产生的伽马暴和超新星爆发遗迹。

3 第一代星系是怎样形成的

宇宙中，第一代恒星的形成环境不同于后代的恒星。同样，第一代星系的形成环境也不同于后代的星系。观测研究表明，现在的星系是通过吸积周边物质和小星系的相互合并而形成的。那么，最早的星系是何时以及怎样形成的呢？

什么是第一代星系

宇宙早期的物质分布是很均匀的，但有小涨落的扰动区。扰动区在引力作用下形成暗物质晕，一个较小的暗物质晕吸入普通物质气体较快，而形成一个或几个大质量的第一代恒星，还不能成为星系。虽然暗物质晕区域一般平均密度较大，可能同时形成很多相邻的暗晕，但它们还没有聚合在一起而成为一个更大的引力束缚系统，从而成为星系。而且，第一代恒星对周围环境的反馈效应而抑制恒星的形成。因此，必然存在一种恒星形成模式的转变，即由孤立的第一代恒星形成模式转变到在大的暗物质晕不同区形成多恒星的模式，此转变过程形成第一代星系。显然，这需要暗物质晕的质量很大。一般认为，至少应满足维里温度大于 10 000K，才会在第一代恒星发出的光破坏分子氢后，由氢原子的碰撞激发来冷却气体而形成新的恒星，并束缚住光子加热的气体。因此，第一代星系的形成晚于第一代恒星，但应早于再电离，可能主要是在红移量为 10 ～ 20 时。目前对这一过程的研究还未到成熟阶段。

第一代恒星的反馈作用

第一代恒星对周围环境至少有几个方面的反馈作用。（1）第一代恒星的电离辐射导致周围气体被电离。（2）第一代恒星的辐射破坏周围的氢分子。（3）某些第一代恒星寿命结束于超新星爆发，其激波对周围气体发生作用。（4）抛出的金属污染周围。（5）某些第一代恒星寿命结束后成为黑洞，如果黑洞吸积周围气体，产生很强的电离辐射和X射线辐射，后者传播距离远，可以大范围加热和部分电离气体。这些反馈可能造成负反馈（抑制或延迟恒星的形成），也可能造成正反馈（促进恒星的形成）。科学家已尝试对某些反馈进行具体分析和模拟。

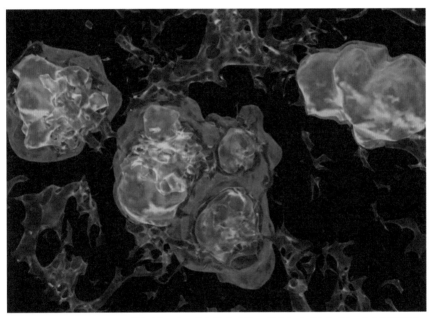

图3.3-1　第一代恒星周围的辐射反馈。蓝色为电离泡，绿色标志分子氢区。中央恒星死亡后，留下的 H II 区含大量自由电子，它们促成分子形成。分子冷却原初气体，导致这些区再坍缩而形成恒星。此过程使恒星形成推迟约1亿年（版权：Texas Advanced Computing Center）

第一代星系的形成和增长

由于上述反馈作用，要实现持续的恒星形成，第一代星系的宿主暗物质晕应比形成第一代恒星的暗物质晕大，推测为1亿太阳质量。这样的星系宿主是由之前形成的"迷你暗晕"（Minihalo）并合同时吸积周围气体增长而来的。

暗晕吸积气体大致有两种模式。小质量暗晕中，以"热吸积"

（Hot Accretion）为主，即暗晕直接吸积星际气体并加热至维里温度，晕内气体处于准流体静力学状态。大质量暗晕中，以"冷吸积"（Cold Accretion）为主，即周围的足够大纤维可促进氢分子形成，气体通过氢分子冷却而沿纤维直接到达暗晕中心区，并转化为湍流的小尺度运动。

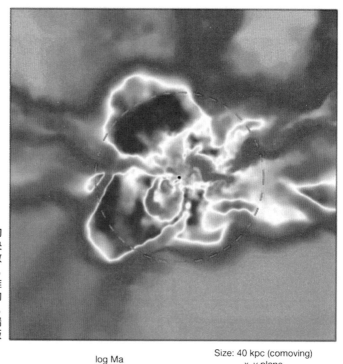

图3.3-2 第一代星系中的湍流。显示从一个星系中央往外40千秒差距的马赫数（Ma）。虚线是维里半径，那里吸积的气体被加热到维里温度。沿纤维结构内流的低温气体速度约马赫数10，因此星系中央产生强烈湍流。此时的红移量约10（版权：Wiley-Blackwell）

log Ma

−1　0　1　2

Size: 40 kpc (comoving)
x–y plane
z = 10.62
t_H = 429.4 Myr

由引力驱动的超声湍流在第一代星系的形成过程中，起着促进金属的混合和影响气体碎裂性质的作用，可能导致恒星形成模式的转变，从而形成最早的球状星团。

对第一代星系形成的理论模拟还处于初步阶段，缺乏公认的结论。在观测方面，期待先进的大型望远镜直接观测高红移的星系及其所处环境。本星系群现在已发现很多矮星系，有些可能是第一代星系的残迹。

4 后代星系
是怎样形成和演化的

第一代恒星和第一代星系的形成演化改变了宇宙的环境，星系周围的中性气体开始被大质量恒星的高能光子电离，在星系周围形成电离区，此过程称为**宇宙再电离**。再电离产生的自由电子散射宇宙微波背景辐射，产生偏振信号。观测发现，再电离发生在红移量11左右，因而获悉原初星系形成的大致时间。

由于宇宙的膨胀，遥远星系的红移量更大。红移量 $z \geqslant 1$ 的称为高红移星系，其辐射传播到观测者耗时漫长。红移量越大的星系实际上就是宇宙越年轻时期的，观测研究它们可以了解星系形成演化的重要物理过程。虽然星系越远就越暗，更难于观测，但是近年的先进大望远镜尤其空间望远镜的探测，已经获得一些重要成果。

星系形成理论

宇宙中占主导的物质是冷暗物质，冷暗物质结构是等级成团的。在红移量为20～30时，暗物质最先形成较小（百万到千万倍太阳质量）的维里化结构——暗物质晕，它们经历合并、吸积等过程而形成更大的暗晕结构。重子和暗物质在线性增长阶段很好地混合，而在非线性坍缩阶段，由于重子存在耗散过程而与暗物质分布出现偏差。暗晕先维里化，重子在暗晕的引力场中冷却，进一步下落而形成星系。首先，星系形成也是等级式。在红移量为20～30时形成小星系，随后，这些小星系通过合并、吸积而形成大星系。其次，星系的形成过程可以分两个阶段，即暗晕的形成和演化过程以及与重子相关的星系形成过程。关于暗物质的纯引力作用过程已经有相当好的了解，任何红移量的暗晕结构和演化可以从数值模拟给出。目前，主要探索重子物理过程。

暗晕的性质和演化在星系的形成和随后的演化中起着极其重要的作用。首先，每个暗晕的特性决定其包含的气体质量和性质。其次，暗晕之间的巨大吸引力促进它们合并，在暗晕中的星系随后会合并且增大，同时也造成星系形态的变化。最后，暗晕的引力场决定星系从周围吸积气体的过程。

连接暗晕和星系的一个重要概念是暗晕占据数分布，即一个特定红移 z 和质量 M 的暗晕中，找到N个一定性质星系的概率。将暗物质和星系的空间分布联系起来，可以从观测的星系样本构造更为合理的星系团/群样本。

星系形成和演化理论涉及重子各种复杂的耗散和加热过程，包括重子的冷却和加热过程、恒星形成及其反馈过程、金属丰度增加过程、星系核活动及其反馈过程、星系合并过程及各种动力学和热不稳定性等。目前研究的星系形成方式主要有两类。一类是半解析模型，从观测和模拟等总结出的各种基本物理过程，并用一些简化的参数化形式加入到星系形成模型中。另一类是基于包括辐射流体的各种耗散和反馈过程的高精度数值模拟。

气体在向中心下落的过程中，相互作用而耗散，同时也可能形成恒星。如果恒星形成时标比气体坍缩时标短，由于恒星是非耗散体系，形成类似椭圆星系的热星系；反之，如果恒星形成时标长于气体坍缩时标，由于能量耗散，形成转动支撑的盘星系。决定气体坍缩时标的一个关键因素是气体的角动量，暗晕（包括其中重子）在成团过程中通过潮汐作用获得角动量，暗晕角动量的分布可以从理论上很好地给出。在角动量的作用下，气体下落到一定位置就形成转动支撑的盘（原初星系），其半径与气体角动量相关；随后的气体内落速度取决于角动量的转移，随着盘的面密度增加，气体盘将变为引力不稳定的，形成恒星，盘星系（即旋涡星系）就是这样形成的。因此，一般原星系坍缩形成盘星系，随后盘星系通过长期演化产生出旋臂结构、棒等，或者通过合并而形成椭圆星系。

星系形成和演化理论的观测检验包括星系的光度函数、颜色分布、形态分布及星系不同参数之间的关系。

多数大质量星系颜色很红，而低质量星系颜色较蓝。这表明在大质量星系中的恒星是较早形成的老年星，在中、低质量星系中恒星的形成仍在持续。目前较普遍认为，这是由于星系形成的反馈作用引起的。在小质量星系中，因恒星形成过程向星系注入能量，引起气体外流，从而终止一些恒星形成过程。在大质量星系中，星系核活动产生反馈而切断了星系中的冷气体来源，从而终止恒星形成。在不同红移的包含恒星形成过程的星系中，都已经观测到星系尺度上的热和冷气体的外流。其他物理机制，如再电离过程，也可能降低小质量星系的恒星形成效率。

现在还不清楚不同类型的星系的光度函数等的差别，其中有多少是选择效应，有多少是环境的关系。

星系中的恒星形成与演化

星系中的恒星形成定律。 星系中恒星形成过程是星系形成与演化的重要基础。星系中的分子云气体提供了恒星形成的可能条件（冷的高密气体，以及必要的冷却途径）。星系中的恒星形成率（即单位时间内新形成的恒星总质量）与形成恒星的气体密度遵从幂律关系，称为**恒星形成定律**。星系盘平均单位面积的恒星形成率和气体的面密度也存在幂律关系。

实际上，绝大部分恒星形成于巨分子云中的高密度分子气体，因此恒星形成率与高密度分子气体有更直接的关联。对65个红外星系的观测表明，远红外光度确定的恒星形成率与HCN分子线的光度（代表致密分子气体总量）之间有线性相关，而与CO光度（代表所有分子气体总量）之间是非线性相关的。

宇宙的恒星形成历史。 观测表明，宇宙中的恒星形成率密度（即宇宙中单位体积内的总恒星形成率）随着红移量增加而快速增加，到红移量为2左右达到峰值，而随着红移量的进一步增加有所下降，表明星系中的恒星形成过程在时标上的演化。恒星形成和星系核心的大质量活动密切关联。

研究发现，近邻星系中的恒星形成与星系自身的大小相关，质量越大的星系，其恒星形成越早；相对应，在恒星形成的红移演化图像上，有剧烈恒星形成的星系质量随着红移下降而降低。这与星系等级形成理论的推论，即越大的星系形成得越晚相矛盾，从而成为一个极其重要的问题，需要深入研究星系中的一系列物理过程来解答，包括恒星形成过程、气体的吸积、星系的增长、星系合并、超新星反馈等。

极亮红外星系。 极亮红外星系是远红外光度大于太阳光度 10^{12} 倍的星系。它们富含尘埃，尘粒受星系中强烈星暴或活动星系核（或两者并存）的辐射加热，释放出大量的远红外辐射；然而，由于尘埃的强烈遮挡与消光效应而难于研究其中心的能源。星系形态研究发现，宇宙中绝大部分极亮红外星系处于星系相互作用或合并系统，但处于合并状态的星系比例随光度下降而显著下降，可能处于从星系合并到类星体和椭圆星系的演化阶段，这支持了星系的等级形成理论。最新发现，与近邻不同的是，大部分高红移极亮红外星系并非由星系合并触发，而是由连续的气体吸积触发，仅有约1/3的星系是处于合并系统。

图3.4-1　星系MACS0647-JD是大爆炸后4.2亿年的天体，红移量11，大小约600光年，质量为1亿～10亿太阳质量。它可能是"婴儿"星系，因前景的大质量星系群的引力透镜放大而见到

图3.4-2　星系z8-GND-5296是大爆炸后7亿年的天体，红移量7.51，估算恒星形成率是银河系的几百倍，其紫红色表明富含金属

星系形态的形成和演化

椭圆星系一般缺乏冷气体，老年恒星多，其面亮度分布较平滑，存在复杂的恒星运动。盘星系一般年轻恒星和气体多，其面亮度分布相当不规则。这可部分地归结于一些恒星形成区尘埃消光，盘星系是转动支撑的，这与形成理论一致，而大部分椭圆星系扁平并不能由转动支撑解释。一个基本问题是今天的星系形态是何时和怎样形成的？

一般认为，椭圆星系主要是通过星系合并形成的。当两个大小相近的富气体星系合并时，可以非常有效地转移角动量，气体快速带入中心，引起中心恒星剧烈形成。星系碰撞也产生恒星的随机速度，两个缺少冷气体的星系碰撞可能形成热椭圆星系。在考虑暗物质晕的情况下，两个缺少冷气体的星系合并可以形成致密的巨椭圆星系。这些看法得到局部的极亮红外星系及一些经历剧烈星暴后的星系形态的观测支持。中等红移的星系形态观测也支持大质量的椭圆星系是通过合并而产生的。红移量约2.3的大质量星系比今天的星系要致密得多，那时形成的大质量星系不到10%，大多数是通过随后的合并而形成的，而中等光度的椭圆星系是与富气体的星系合并而形成的。

盘星系是长期演化的结果，包括各种动力学的不稳定性等。盘的再塑造包括吸积周围的小星系，改变盘的结构。最近观测表明，大质量的盘星系可能是小星系合并而来的。由深场巡天星系形态推断，大部分大质量盘星系主要是在红移量从约2到现在阶段，通过不规则星系的合并而产生的。

星系形态与其环境的关系非常密切。在星系团中，

S0星系占主导，而盘星系的数量很少，这与一般的场星系由盘星系占主导很不同。这种差异与星系和环境作用有关。在星系团中，引力场作用使星系高速运动，星系盘的气体受剥离，因此阻止外盘的恒星形成。强引力场也有潮汐作用，瓦解较松散的外盘，只留下星系中较致密部分，而潮汐剥离下来的恒星将游离于星系际。

星系的化学演化

恒星形成过程将气体转化为恒星，而在恒星演化的最后阶段，大部分物质又回到星际介质。在此循环过程中，恒星内部核合成产物部分地混合到星际气体，增加了气体的金属丰度。这些气体再次形成恒星，其金属丰度高于上一代恒星。星系中，恒星形成或者星系核活动触发的质量外流或者星系团中热气体将金属带到星系际，引起星系际介质金属丰度增大。

星系的化学状态可由气体或者恒星的金属丰度来定量描述。气体和恒星的金属丰度不同。气体的金属丰度反映该时刻气体的化学状态，而一个星系中包含各个阶段形成的恒星，即各种金属丰度的恒星。星系的金属丰度和星系的恒星质量相关，质量大的星系金属丰度高。此外，星系团的星系比其他星系的金属丰度高。

5 银河系是何时和怎样形成的

    根据近年的同位素年代测定，银河系年龄的下限为132亿年，即137亿年前的大爆炸后约5亿年形成银河系。虽然银河系不可能是宇宙最早期形成的星系，但也是较早的。而银盘恒星的年龄为88（±17）亿年，说明从银晕到银盘的形成几乎经历50亿年。

    对银河系形成的研究分为两种。一种是较早的研究，仅考虑普通物质怎样形成银河系。另一种是较新的研究，考虑暗物质和普通物质是如何一起形成银河系的。

仅普通物质怎样形成银河系

    大爆炸后不久，宇宙的普通物质分布的一个或几个小密集区开始形成银河系。某些密集区是球状星团"种子"，那里形成银河系的最老恒星。这些恒星和星团现在成为银河系的恒星晕。在第一批恒星诞生的数十亿年，银河系的质量足够大，以致旋转较快。由于角动量守恒，导致星际气体介质从大致球形坍缩为盘。因此，后代恒星（包括太阳和最年轻的恒星）形成于旋涡盘。

    自从银河系中的第一批恒星形成以来，通过星系合并（尤其星系生长早期）和直接从银晕吸积气体，银河系不断增长。银河系目前从它的两个最近的伴星系（大麦哲伦星系、小麦哲伦星系）经麦哲伦流吸积物质。然而，诸如银河系最外区的恒星质量、角动量和金属丰度的特性表明，银河系在近100亿年没有经受与大星系的合并。在类似的旋涡星系中，这种缺乏大合并是不寻常的。它的邻居——仙女星系似乎有最近合并较大星系而成形的较为典型的历史。

    根据最近的研究，银河系以及仙女星系处在星系颜色—星等图上的"绿谷"区，即星系从"蓝云"（新的恒星形成很活跃的星系）到"红色序列"（缺乏恒星形成）的过渡区。处于绿谷的星系，恒星形成活动缓慢，因为它们的星际介质中缺乏形成恒星的气体。

暗物质和普通物质一起形成银河系

虽然暗物质是不可见的，但观测证据表明，暗物质普遍存在且多于普通物质。近年来，开始探讨包括暗物质的银河系起源演化问题。最新的银河系图像揭示银河系在混沌中诞生，被"暴力"成形，它生存于湍动复杂状态中，其未来会有一定"灾变"。

暗物质晕。 天文学家对银河系诞生期间的事件的确切次序仍然存在争论，但是都同意"故事"始于暗物质。暗物质无处不在，而且多于普通物质，但是由于它不可见，所以只能通过暗物质对可见的恒星和星系的引力效应来探测它的存在。银河系像其他星系一样，被包裹在一个巨大的暗物质"茧"内。没有暗物质，普通物质产生的引力不足以把银河系束缚在一起。在大爆炸的直接余波中，引力作用导致暗物质中的微小涨落扰动增长，形成各尺度越来越密集的暗物质团。模拟显示，成团的过程总是演变成混沌的碰撞和合并。但是，大爆炸后几亿年，事情略微安定下来，而一些暗物质团开始表现得更像银河系周围的情况：大致是几万秒差距的球形暗物质晕，晕内是被暗物质引力束缚的原始氢氦气体薄霾。而后，这种气体冷却和凝聚，开始形成恒星，成为创建银河系的原物质。无论如何，从普通物质到现今的银河系结构的形成过程是很复杂的，涉及碰撞、耗散、制冷、加热和爆发等。

矮星系。 如果暗物质晕超过一定质量，它们会吸积足够气体来形成恒星，进而形成矮星系。若果真是这样，应该有数千个矮星系环绕银河系，但到目前仅发现了二十多个。对这种差异的一个可能解释是矮星系因含有异常大量的暗物质而暗弱得难以被察觉。例如，Segue 1矮星系所含有的暗物质是普通物质的千倍。另一种可能是一些暗物质晕太小而不能形成恒星，因而完全黑暗。搜寻这样无恒星的暗物质团只能从其对附近的矮星系或对星流的引力效应来推断，但尚未得到确切结果。还有另一种可能是形成了更多矮星系，但第一批恒星的质量都是巨大的，因为酷热和爆炸而失去了所有气体。

恒星晕。无论哪种方式，创建的星系继续快速增长，气体和矮星系内旋而在暗物质晕中心累积更多的气体和恒星，成为原银河系。矮星系旋离各处，不可避免的是其中的一些会太接近增长的核心并被其引力拉开。

在现今银河系外的区域似乎存在着这样事件的遗迹：独特的恒星流沿着矮星系原来的轨道绕着银河系"打圈"。这些星流难以被确认，但至少发现一个处于瓦解的人马座矮星系的相关星流。星流穿过从银河系各个方向往外延展约10万秒差距的微弱弥漫晕，大致呈球形，质量约为10^9太阳质量，它可能只是数十亿年瓦解的所有矮星系的残迹，但是情节可能更为复杂一些。

恒星晕分为内晕和外晕。外晕的恒星一般在光谱上只显示微量（如铁等）重元素，表明它们只是宇宙中甚早恒星的隔代恒星。内晕的恒星含有较多重元素，有些较年轻（约114亿年）。

银盘。银盘的模式揭示，外晕由瓦解的矮星系形成，而内晕是银心大旋涡的遗迹，原银河系坍缩为现在的风车形。进入的气体和矮星系之间的各次碰撞都耗散一些它们的轨道能量，以致它们进一步向内降落。当它们到达银心，开始的小而随机的旋转变得增大。收缩的物质旋转得越来越快而扁化为薄盘。与此同时，在盘内，引力相互作用造成恒星和气体云的轨道开始堆积并导致螺旋"密度波"，形成螺旋臂。目前，还不确切知道盘的形成经过了多久，在几十亿年前没有生成恒星所需的原料时，银河系是如何持续造星的？为了造星，银河系必须保持本身是一个复杂系统，其物质在恒星与星际气体之间反复循环。大部分气体十分稀疏，也许每立方厘米仅几百个原子。40年前就发现，气体有时可以自己聚集为密集云，以致其内部遮蔽了星光，里面的气体可以冷却到 10～30 K，允许气体中的原子形成如H_2和CO的

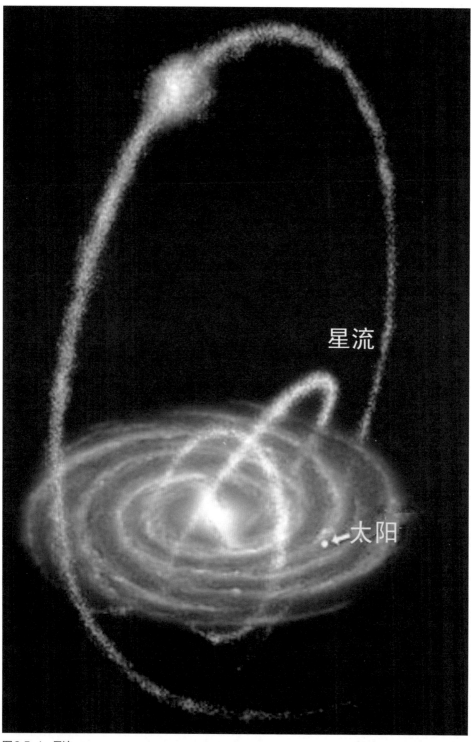

图3.5-1　星流

分子，称为"分子云"。但引力也造成不稳定性。分子云形成不久，其最厚的团坍缩、加热，核聚变点火，从而成为恒星。分子云的这些恒星形成区常称为星系的恒星"摇篮"，它们是动荡的。新生恒星以猛烈的星风形式抛出其物质，还有很强的紫外线辐射，规模最大的是超新星爆发并很快死亡。另一些恒星膨胀为红巨星，剥离其外层物质而结束其生命。这些过程全都把气体驱入更广阔的星际，在那里冷却、凝聚并开始下次循环。问题是，银河系恒星形成至少发生于过去的100亿年，这必须从某处获得气体。观测到包围银河系的恒星晕有X射线和极紫外辐射的一个气体晕。大多是温度百万K的电离氢，从中心延展几十万秒差距，密度低到每立方厘米几百氢原子。这个气体晕如此之大，以致其质量至少相当于银河系所有恒星的总质量。只要其中小部分进入银河系，就会使恒星形成持续几十亿年。

如果晕内的气体冷却和凝集，足以落入银河系，就像"雾沉出露水"，可以观测到高速云落向银盘。反过来，这些云可能关联于"喷泉"——当恒星爆发为超新星时，抛出气体到银盘外1万至10万秒差距。喷泉向上冲入气体晕，使一些电离气体加速，并作为高速云落回银盘。

银心黑洞。银河核球的心脏是巨大的黑洞，现在恰巧没有东西落进它而处于不活动状态。它一度是活力比较充沛的，从银心射入两侧巨大泡的是小而弱的伽马射线喷流。泡和喷流都是活跃黑洞的特征，物质落入黑洞就送出能量喷流，并在周围气体中产生激波。在星系中心有活跃的黑洞是相当常见的，可能是星系演化经过的一个阶段。估计银河系的黑洞活跃在大约1 000万年前。如果没有东西落进银心的黑洞，它就不会有400万太阳质量。

银河系的未来

观测得出，仙女星系（M31）正在走近银河系。近年来，测定其自行速度精确到11微弧秒/年。它现在距离银河系约77万秒差距，相互接近速度为109千米/秒。几十亿年后，它们会对头碰撞，相互进行轨道运动，最终它们将合并成一个椭圆星系。与恒星形成活跃的旋涡星系相反，椭圆星系含有的气体和新恒星很少。两个大星系合并导致大规模恒星形成，很快耗尽可用的气体；或者合并再激活星系中心的黑洞，造成高能激波和喷流，从星系驱离出气体，或保持气体搅拌得很热而不能形成恒星。最终，以一种方式或另一种方式阻断气体降落，且星系耗尽气体。

宇宙仅保存这么多的气体，或迟或早，可能只要星系存在，就会把气体转变为恒星。在宇宙中，大质量恒星形成、演化、死亡；小质量恒星可以较宁静地活数万亿年，但它们最终也会毁掉，就是如此。总之，银河系的起源和演化还有待于人们深入探索。

图3.5-2　仙女星系与银河系碰撞的演化模拟

6 恒星是怎样产生的

从观测和理论研究，自从132亿年前银河系形成以来，恒星持续地产生和演化着。虽然无法观测到一颗恒星从"胚胎"到死亡的整个演化史，但可以观测到各演化阶段的大量恒星。综合观测资料并结合理论研究，我们现在已相当清楚地了解各类恒星的形成演化史。这里先来简述恒星是怎样产生的。

分子云和恒星形成区

可以用图3.6-1来概述从银河系旋臂到恒星的多尺度碎裂和物质聚集过程。银河系存在大量的星际介质，其分布是很不均匀的或碎裂的，恒星的形成主要发生在较密集的旋臂区。旋臂区碎裂为很多以中性氢原子（H I）居多的H I云。H I云碎裂为以分子（尤其H_2）居多的"巨分子云"（GMCs）。巨分子云又碎裂为一些较小且较密的分子云，在地面光学观测到相应的"星际云"。分子云碎裂为一些更密的云核。某些云核自引力收缩形成中央的原恒星，而转动的外部物质及从周围

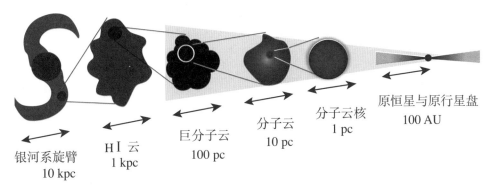

银河系旋臂　　H I 云　　巨分子云　　分子云　　分子云核　　原恒星与原行星盘
10 kpc　　　1 kpc　　100 pc　　10 pc　　1 pc　　100 AU

图3.6-1　从银河系旋臂到恒星和行星系的形成，经历多尺度碎裂和物质聚集过程

吸积的物质形成"绕星盘"或"原行星盘"。原行星盘
碎裂和聚集而形成行星系。

　　恒星的形成环境和过程是很复杂的。分子云是气体
和尘埃、中性和电离物质、热等离子体的湍动混合体。
这些物质在引力场、磁场、转动、激波、湍动、宇宙线
和各种辐射场的作用下，碎裂和聚集成一些云核，进一
步收缩而形成原恒星和绕星盘（或原行星盘），常把这
样的整个体系称为年轻恒星体（YSO）。由观测资料可
以得到各类恒星形成的各阶段的主要因素和过程，从而
建立合理的恒星形成和早期演化理论。

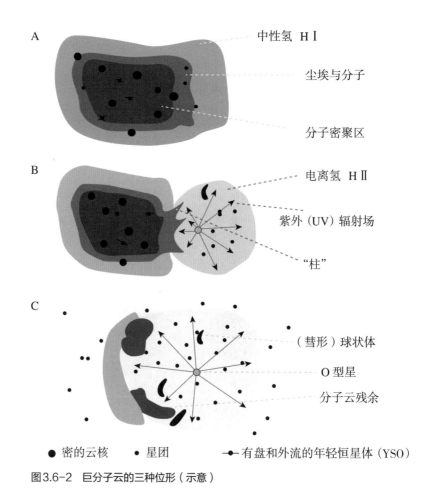

图3.6-2 巨分子云的三种位形（示意）

综合观测资料，可以按照演化先后把巨分子云分为三种位形。A：没有与分子云成协（关联）的 H II（电离氢）区，未产生大质量恒星。B：分子云内的恒星形成活动已开始，产生一颗或几颗大质量恒星，它们电离周围而形成类泡结构。C：分子云的大部分已分裂并聚集为星团和 O 型星，H II 区很大。当然，这仅仅是简单情况。

由于可见光不能透过分子云的尘"茧"，因而看不到其内的恒星形成区。但红外和射电辐射可以透射一些出来，而 X 射线则完全透射出来，揭示很多分子云的结构和性质。分子云的大小为 1 ~ 200 秒差距，质量为 $10 ~ 10^6$ 太阳质量，典型温度为 10 ~ 50K，密度为 $10^2 ~ 10^6 H_2$/厘米^3，常有很不规则的不均匀结构——块、泡（洞）、通道、弓、纤维、基墩或造星柱（Pillars of Creation）等。有些分子云内有稠密的云核甚至年轻的恒星。例如，**鹰状星云**（M16）距离我们约 5 900 光年，热星蒸发了云核周围物质，而显示出前方的三个多尘埃的造星"柱"或"基墩"，它们就是恒星的诞生地。

基墩　　　　基墩

图3.6-3　鹰状星云M16

恒星的形成

恒星的形成涉及很多重要的物理过程，多年来天文学家对此进行了一系列研究。依据金斯定理，冷而密的分子云的质量超过金斯质量，就会收缩变密。在分子云收缩变密过程中，可能变得不均匀，某些局部区受到扰动（例如，经过旋臂的密度激波区，临近超新星爆发产生的激波作用，星际云碰撞，大质量热星的辐射）而触发变密，相应的金斯质量为恒星质量的量级，这样的局部区就可以成为独立的密云核而自吸引坍缩。于是，分子云就瓦解，或者说碎裂为一些局部密云核，密云核收缩而演化为"原恒星"，进而演化为恒星。这样，在分子云中可以成群地形成恒星。大质量恒星演化快，成为超新星爆发而触发附近星际云物质变密，瓦解为小云核而形成恒星。这就是一种自维持形成恒星的过程。

实际情况是很复杂的，还应当考虑外部压力、磁场、自转、湍动的作用。观测表明，巨分子云的平均湍动能大于热能（内能），平均磁能介于热能与动能之间，而最大的是引力势能，因而分裂为多个云核。一些数值计算模拟证明，在密的分子云中央，云核坍缩，而在大尺度上形成云核和簇，也得到一些恒星形成区的观测佐证。

从原恒星演化到主序星

在分子云中，云核的初始密度（约 10^{-20} 克/厘米^3）比恒星的平均密度（约 1 克/厘米^3）小 20 个量级。在满足金斯判据条件下，云核物质发生自吸引坍缩而变小和变密，成为"原恒星"。原恒星仍处在引力收缩阶段，先快后慢，这个阶段历时 $10^5 \sim 10^6$ 年。原恒星收缩伊始，内部的热压力远小于引力，收缩基本上是外部物质向中心自由下落。中央收缩变密加快，形成一个星核，吸积外部物质而增大。

在自由下落过程中，引力势能转化为热能。随着星核增大和变密，热能散逸受阻，导致温度上升，热压力增大。于是，原恒星的红外辐射增强而成为红外源。当压力基本上与引力平衡时，星核收缩就大大减慢而转入准静态时期。

在一颗原恒星的演变过程中，其光度和表面有效温度在变化，因而其在赫罗图的位置移动呈现为演化迹（图3.6-4）。图的右侧有原恒星演化受限制的不稳定带——"Hayashi禁带"，其边界由原恒星内部完全对流而确定。原恒星绝热坍缩的早期演化沿着图中"时间线"1与2之间近于向下的"Hayashi迹"。到原恒星从中央开始停止对流时，演化迹离开Hayashi迹，向左转折，表面升高温度，进入"时间线"2与5之间的"辐射迹"。

当原恒星完成吸积相而准流体静力收缩时，就成为光学上可见了。这时，不同质量的原恒星到达赫罗图的"诞生线"位置，开始成为"前主序"（PMS）星。再完成收缩，演化到其核心区发生"氢燃烧"热核反应，产生的核能完全补偿表面的辐射损失，从而可以维持稳定，就成为"零龄主序"（ZAMS）星。

某些年轻疏散星团的赫罗图可以提供从原恒星收缩形成主序星演化的观测佐证。它的O型和B型星已演化到主序，但大多A～M型星还未到达主序。一种很自然的解释是，星团内的所有恒星大致在同一时间开始形成，因大质量的演化快，它们演化到达主序时，质量较小的仍处在向主序收缩演变的过程中，其中包括许多前主序的金牛T型星。

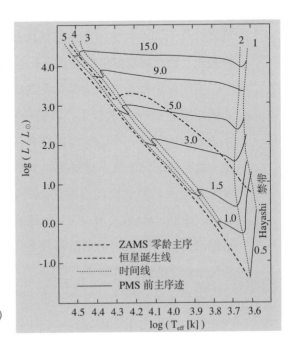

图3.6-4　不同质量（0.5~15 $M_\odot$）原恒星在赫罗图上的演化迹（实线）

7 恒星是怎样演化的

恒星到达主序后，开始内部热核反应的漫长演化史。重元素是在恒星内部的高温、高压条件下依次由轻元素"燃烧"发生热核反应而产生的，并导致恒星的结构和性质随着时间而演化。

恒星演化的主序阶段

恒星中心区从氢燃烧点火到氢几乎全部聚变成氦的时期称为**主序演化阶段**，恒星内部基本处于准平衡状态，包括流体静力平衡（各层向外的压力被向里的引力—重力所平衡）和热平衡（任一体元在每秒获得的能量等于它释放的能量，每秒整个恒星表面辐射损失的能量与在中央区热核反应产生的能量平衡），因此，恒星演化的主序阶段长期处于稳定状态。在理论上，通过给定的恒星质量、化学成分等资料，可以计算不同时间的恒星内部结构及恒星辐射的总光度和表面温度等物理量，因而确定恒星在赫罗图上的位置。

主序恒星都是氢燃烧提供长期能源。质量大于 $1.1\ M_\odot$ 的恒星，中心区温度达 1.6×10^7K 以上，以碳—氮—氧循环反应链产能为主。质量小于此值的恒星，中心区温度低些，以质子—质子循环反应链产能为主。此阶段的恒星位于赫罗图的主序上，此阶段的持续时间 t 由中心区含氢数量及其燃烧消耗率决定，而两者分别与恒星的质量 M 和光度 L 有关，因此，$t \approx M/L$（10^9 年）。恒星的质量越大，主序阶段的时间越短。这是因为，大质量恒星虽然有较多的氢燃料，但因光度大，氢燃烧消耗比质量小的恒星快得多。

随着氢聚变为氦，恒星中心区的核素总数目减少而且总压力也减少，重力—压力不平衡导致中心区收缩和温度升高，燃烧更快而释放

表 3.7-1 主序星的特征

光谱型	质量/$M_\odot$	光度/$L_\odot$	主序阶段时间/年
O5	40	405 000	1×10^6
B0	15	13 000	11×10^6
A0	3.5	80	44×10^7
F0	1.7	6.4	3×10^9
G0	1.1	1.4	8×10^9
K0	0.8	0.46	17×10^9
M0	0.5	0.08	56×10^9

更多能量和光度增强，驱使外层膨胀和冷却，因而在赫罗图上呈现主序带。氢开始燃烧时，恒星处于带的下界——**零龄主序**（ZAMS），而后在赫罗图上向右上区域演化到带的上界。

主序演化阶段是恒星一生中驻留时间最长的阶段，大约占恒星寿命的90%，这就是各种类型恒星中的主序星占大多数的原因。太阳的年龄约100亿年，它在主序演化阶段已经度过约一半时间。

恒星演化的后主序阶段

除了质量最小的，一般恒星的中心区氢燃烧生成的"灰"（氦）是不与外部混合的，随着氢消耗，氦在中心区积累，产能减少，外层的重力使氦中心区收缩，温度升高，邻接中心区的氢层点燃，氢燃烧向外蔓延，恒星的外层膨胀，进入后主序阶段。中等质量的恒星演化为红巨星，大质量的恒星演化为超巨星。

当氦中心区因继续收缩而升温到 1.2×10^8K，开始氦燃烧（氦聚变为碳、氧）。某些恒星是逐渐开始氦燃烧的。但是，$0.4 \sim 3\,M_\odot$ 的恒星则是失控的爆发性氦燃烧（称为**氦闪**），短时间（几分钟）产生巨大能量而恒星光度增强，很快又调整到稳定的氦燃烧。于是，氢燃烧层之内又有氦燃烧而膨胀的中心区，这使得支持外层的能量减少，外层收缩而表面略变热，在赫罗图上向左下移动。氦燃烧生成碳氧灰的中心

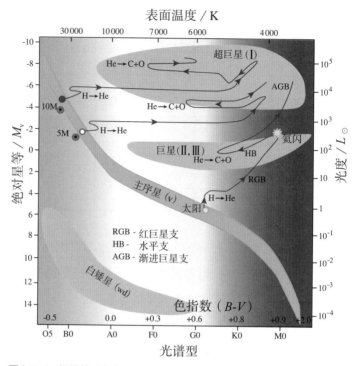

图3.7-1　恒星的后主序演化

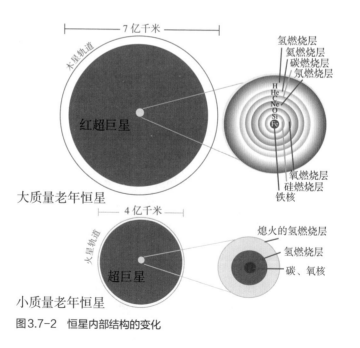

图3.7-2　恒星内部结构的变化

区，再收缩变热，点燃邻接的氦层，其外是氢燃烧层。在赫罗图上打个圈又移近氦闪（图3.7-1）。

主序之后的热核反应越来越剧烈，大多数恒星不稳定，表现为各类变星。小质量恒星演化到巨星阶段，中心区在氦燃烧后留下的氦聚生成碳、氧核，其外是氢燃烧层，再外是熄火的氢燃烧层，最外是恒星大气。大质量恒星演化到超巨星阶段，中心区依次还发生碳燃烧（碳聚变为钠、氖、镁、氧）、氖燃烧（氖聚变为氧、镁）、氧燃烧（氧聚变为硫、硅、磷）……除了这些稳态的核合成，恒星演化到一定情况（如超新星爆发）还发生爆炸式核合成及中子俘获等核过程。于是，除氢、氦及少数轻元素外，大多数元素的原子核都是在恒星内部由热核反应形成的。随着热核反应的进行，恒星的内部结构也发生改变（图3.7-2）。

星团的赫罗图与恒星演化

有证据表明，一个星团的所有恒星都是在同一星际云中大致同时形成的，年龄和化学成分大致相同，而且它们与地球的距离都大致同样远，只是各恒星的质量不同而演化程度不同。因此，星团可提供不同质量恒星的演化证据。

在星团早期，大质量恒星因演化快而到达主序，中、小质量恒星演化慢而仍处于主序前。随着时间推移，大质量恒星离开主序，中、小质量恒星到达主序；再后，大质量恒星死亡，中质量恒星都离开主序，小质量恒星仍在主序。

星团的实际赫罗图很好地验证了上述模型。可以估算一个星团赫罗图上处于从主序向红巨星"折向点"处恒星（其中心区氢燃烧刚耗尽氢）的年龄，这也是该星团的年龄。在多个星团的组合赫罗图上，折向点越低（光度和温度小）的星团越年老（图3.7-3）。

球状星团与疏散星团的赫罗图有三个差别。一是球状星团的"折向点"更低，年龄为百亿年以上，而疏散星团的年龄仅为几百万年。二是球状星团的主序低于**零龄主序**，这是因为成员恒星缺乏重于氦的

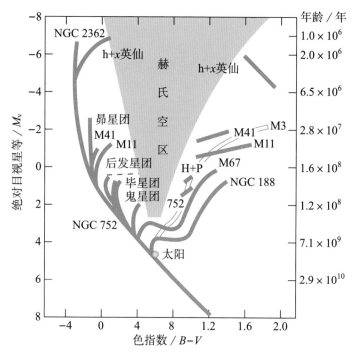

图3.7-3　星团的赫罗图组合，折向点越低的星团越年老

元素，它们可能是银河系早期（缺乏重元素时期）形成的第一代恒星，而重元素多的疏散星团的恒星可能是第二代或更晚形成的恒星。三是球状星团赫罗图上的水平支折向左（蓝）侧，表明氦燃烧导致不稳定而使演化过程向左打弯。

恒星演化的晚期与归宿是怎样的

　　随着恒星内部热核反应的终止，恒星就走向死亡。不同质量的主序恒星走向死亡的晚期演化和归宿不同，大致有三种方式。质量较小的恒星演化为红巨星，坍缩为白矮星。大质量的恒星演化为红超巨星，经超新星爆发，留下星核变为中子星。质量特大的恒星也经超新星爆发，留下的星核成为黑洞（图3.7-4）。

　　主序下端是冷的小质量"红矮星"。它们是从中心到表面整体对流的，气体经常混合，内部氢燃烧耗尽而成为氦后，就终止热核反应，

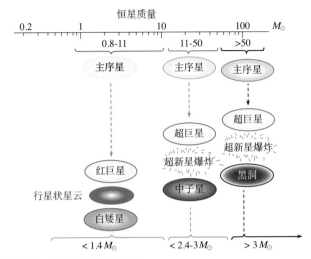

图3.7-4　恒星死亡的三种方式

不会演化到巨星。它们在自引力作用下收缩而升温，直到坍缩到气体"简并"致密而抵抗压缩，演化为"白矮星"。热传导在致密的白矮星内很有效，传导到表面的能量向空间辐射掉，逐渐变冷而演化为"黑矮星"。白矮星的质量越大，它的重力越大，因而半径越小。白矮星质量上限（钱德拉塞卡限）为 $1.4 M_\odot$。

中等质量的类太阳恒星可以点燃中心区氦和紧接的氢层，变为红巨星。当中心区的氦耗尽而变为碳时，热核反应终止，发生收缩，释放的引力势能变为热能，再加之其周围的氢燃烧产能，使外部的富氢层抛出去，成为"行星状星云"，留下的中心星核坍缩，演化为白矮星。如果白矮星是密近双星成员，还会吸积另一成员膨胀的气体，演化为Ia型超新星爆发。

大质量的恒星经氦燃烧合成碳氧星核，但未简并，可以收缩升温，进而发生新的热核合成反应，合成氖和更多的氧，氖氧星核收缩升温而点燃氖燃烧，如此循环地收缩升温和新的热核合成，直到合成"铁峰元素"（丰度大的铬、锰、铁、钴、镍），合成它们的热核反应需要消耗能量，而不是产生能量。同时，星核之外依次有较轻元素的燃烧层，结果是（铁）星核增大，直到星核质量超过白矮星质量上限（钱德拉塞卡限，1.4 $M_\odot$），星核开始坍缩为中子星。星核坍缩非常快，仅0.1秒就把释放的几乎全部的引力势能转化为中微子，中微子约10秒就从星核跑出来，大部分中微子继续以近光速无阻挡地穿过恒星的外部，小部分把恒星的富含铁原子核（跟中微子有较大散射截面）的外层物质高速推斥出去，呈现为Ⅱ型超新星爆发，在几星期内发出的辐射为100亿到1 000亿$L_\odot$，其光辉相当于一个旋涡星系的总辐射。超新星爆发抛出重元素物质到恒星际，成为下一代恒星形成的原料。

50 $M_\odot$以上的特大恒星是较少的。它们的前期演化与上述的大质量恒星类似，但演化进行得更快。当它们演化离开主序，很快地抛出其大气，仅留下氦（星）核。这些天体以发现者命名为**沃尔夫—拉叶（W-R）星**。它们在进一步演化中发生爆炸，呈现为Ⅱ型超新星。它们的铁星核比中子星质量还大，以致中子简并也不能阻止坍缩，坍缩到星核的引力非常大，连光子也逃不出，这就是**黑洞**。中子星和黑洞的质量分界限（2 ～ 3 $M_\odot$）称为"奥本海默限"。

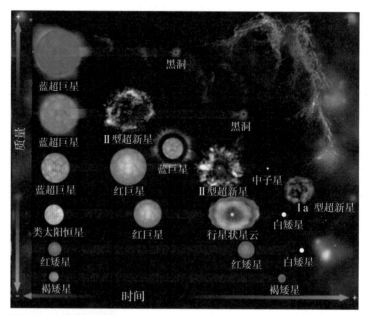

图3.7-5　恒星的演化

8 宇宙的元素丰度

　　除了氢、氦和少数轻元素，重元素都是在恒星内部的热核反应过程中由较轻元素聚变的（原子）核合成的。恒星演化中的一系列复杂热核反应逐渐改变内部的化学成分。研究恒星的核合成过程可以了解宇宙中各种化学元素（包括同位素）的起源。

太阳系的元素丰度

　　根据陨石的化学分析及太阳光谱观测研究，综合得出太阳系的元素（相对）丰度，即各种元素的原子数目的相对比值（一般取硅的原子数目为10^6）；观测研究大量恒星等天体的元素丰度，可以得出宇宙的元素丰度。结果表明，宇宙的元素丰度基本与太阳系的一致。但有些天体与宇宙的元素丰度有显著差别，这与它们形成时

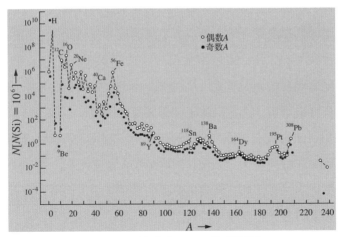

图3.8-1　太阳系元素的相对丰度（A是原子的质量数）

的宇宙环境及自身的演化有关。例如，宇宙早期只形成氢、氦等轻元素，因而最早形成的恒星和星系缺乏重元素，而在恒星演化中才生成部分重元素。宇宙中最丰富的元素是氢，其次是氦，它们的丰度远远高于其他元素。元素丰度总的趋势是随质量数增加而减小，但存在一些起伏，最明显的是锂、铍和硼的丰度比邻近的元素低得多，而铁附近的元素（铬、锰、铁、钴和镍）丰度有峰值（"铁峰"），这些铁峰元素的原子核结合得最紧密。

恒星的核合成

为探讨元素的起源和解释自然界的丰度分布，伯比奇夫妇、福勒等人在20世纪50年代研究了在恒星内部的温度和压力条件下可能的核合成过程。从最轻元素的核素（即原子核）一步步合成各种重元素的核素，从而奠定了这一领域的研究基础。福勒因此获得1983年诺贝尔物理学奖。

从氢的核素出发，经过多种热核反应，聚变成越来越重的核素。每一种聚变反应中产生的新元素核素常成为下一种聚变反应的原料。随着作为原料核素的质量数增加，参加反应的核素应有更高速度才能彼此接近到短程核力起作用，发生聚变反应。这就要求更高的温度，因而仅发生在大质量恒星内部。由于铁峰元素的核素结合得最紧密，进一步的聚变需要吸收能量，于是，核聚变到铁的核素生成后便停止。$1\,M_\odot$ 的恒星只能聚变到碳和氧。质量大于 $5\,M_\odot$ 的恒星可以合成比氧、氖和钠更重的元素。虽然大质量恒星的数目很少，但对许多重元素的形成起着决定性作用。

当星核中的温度达到 $4 \times 10^9 \mathrm{K}$ 时，几乎所有的核素都变成了铁峰元素的核素，它们的结合能（最大）和稳定性使得铁峰元素相对于附近的元素具有较高的丰度。

比铁峰元素更重的元素主要是通过中子俘获过程生成的。俘获中子的反应使核素的质量数增加，但原子序数或核电荷数（即核素中的质子数）并未增加，生成的是同种元素的较重的同位素（核素）。这些中子过多的核素是不稳定的，会发生β衰变（即一个中子发射出一个电子而成为质子），导致原子序数增加，产生新元素的核素。β衰变继续下去，直至核素内的质子与中子数达到一定的比率，形成稳定的核素。

表3.8-1　恒星内部主要的核聚变反应阶段

反应阶段	燃料	主要产物	温度 / K	最小恒星质量 / $M_\odot$
氢燃烧	氢	氦	2×10^7	0.1
氦燃烧	氦	碳，氧	2×10^8	1
碳燃烧	碳	氧，氖，钠，镁	8×10^8	1.4
氖燃烧	氖	氧，镁	1.5×10^9	5
氧燃烧	氧	硅，硫，磷	2.0×10^9	10
硅燃烧	硅	邻近铁的元素	3.0×10^9	20

有些热核反应中产生中子n，提供自由中子的源。如果中子俘获比β衰变慢，在原子核俘获另一个中子之前，核素先俘获的中子就已衰变成质子，形成富含质子的核素，这个过程称为**慢（s）过程**，可能发生在红巨星的核心内。大约在10万年内通过慢过程形成了直至铋209的所有元素（核素）。更重的元素（核素）因很快裂变成铅，不可能由慢过程形成。如果自由中子的来源非常丰富，中子俘获比β衰变快，原子核俘获了几个中子而形成富含中子的核素，这个过程称为**快（r）过程**，在几秒内可形成比铅更重的元素（核素），如钍、铀直至锎254。快过程应发生在超新星爆发的很短时间

内。在极其丰富的自由中子源丧失后，新生核素经β衰变而成为质量数相同的稳定核素。

铁峰以后的30多种富含质子的核素是快速俘获质子的过程（p过程）生成的，可能是超新星激波通过富氢（富质子）外层时生成的。

恒星内部核合成产生的核素，或者通过混合过程从恒星内部转移到表面，然后由星风与抛射等机制流入星际空间，但不够有效；或者经激烈的超新星爆发而成为星际物质，这才是星际物质中重元素的主要来源。地球是以星际物质为原料形成的，因此说，构成地球的重元素归根结底主要来自超新星，其中衰变的放射同位素可用于测定年龄。

观测表明，宇宙物质的化学成分在变化着，金属丰度低的老年球状星团中的恒星是银河系形成初期诞生的第一代恒星。随着第一代恒星化学演化的进展，越来越多的在恒星内部合成的重元素被抛入星际空间，增加了星际物质中重元素的丰度。后来由星际物质形成的第二代、第三代恒星就有较多的重元素。

9 密近双星是怎样演化的

在恒星中，半数以上是双星。一般认为，双星和单星一样是星际云碎裂的小云形成的，但因初始角动量较大，在一个小云自吸引收缩中自转加快，发生自转不稳定性而分为两个原恒星，形成双星的两颗子星。也有论证，认为是在新形成的星团中的原恒星相遇而俘获成双星的。还有的认为，密近双星是由快速自转而分裂为双星的。相距甚远的两颗子星基本上和单星一样各自演化，但密近双星的两颗子星是半接或相接的，它们之间的质量转移影响子星的演化。

虽然密近的两颗子星在各自的早中期演化阶段基本遵循同样光谱型单颗恒星的演化规律，但到主序后的演化阶段先后演化为膨胀的巨星，其外部物质填充洛希瓣，并向伴星转移物质，有的甚至演化到完全的白矮星、中子星或黑洞。由于各子星的环境和条件变了，其演化进程也严重改变，呈现多种复杂又美妙的风采现象，有的甚为壮丽。

当大质量子星很快演化到巨星时，其体积膨胀而充满洛希瓣，有物质经过"内拉格朗日点"而流入到较小的另一颗子星。于是，失去质量的主星就演化为质量较小的恒星，而伴星得到物质从而成为仍在主序的大质量恒星。著名的交食双星大陵五就是这样的双星。密近双星的演化可以导致一颗子星失掉外层物质给另一颗子星，然后，前者坍缩为较小质量的特殊星。

如果双星的一颗子星是质量较大的，很快演化为白

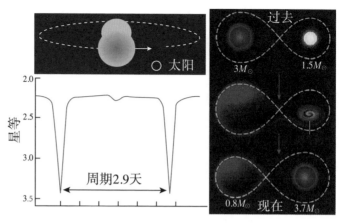

图3.9-1 交食双星的演化

矮星，而另一颗子星是质量较小的正常恒星，刚演化到膨胀的巨星阶段，外部物质填充其洛希瓣，经内拉格朗日点流向白矮星，形成吸积盘。在继续流来的物质冲激吸积盘部位呈现热斑，于是我们观测到**激变变星**（Cataclysmic Variable）。激变变星是由一颗白矮星和一颗伴星组成的双星系统，爆发增亮时更容易被发现。这种变星因具体情况不同而演化为新星、超新星等各型爆发现象。观测时，我们看到它们通常呈现为相当蓝的天体。这些系统的变化是相当强且快速的，强烈的紫外线甚至X射线和一些特有的发射线是这类变星的典型产

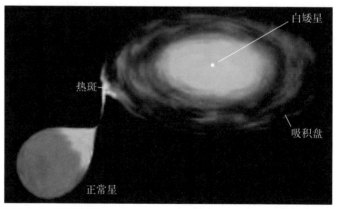

图3.9-2 激变变星

物。在吸积过程中，物质在白矮星的表面累积，通常含有丰富的氢。在多数情况下，吸积层最底部的密度和温度终将上升达到足够点燃核聚变的反应。反应在短时间内将数层体积内的氢燃烧成氦，外面的产物和数层的氢会被抛入星际空间，这被看成是新星的爆发。高速（几千千米/秒）抛出的热气壳，虽然质量不多（约万分之一 $M_\odot$），但比太阳亮10万倍，气壳膨胀，变冷而稀疏，亮度衰弱。随后，吸积盘又发展，积累千年到万年，再爆炸为再发新星或矮新星。如果吸积的过程持续进行得足够久，白矮星的质量将会达到钱德拉塞卡极限，内部增加的密度可能点燃已经死寂的碳燃烧，并触发Ia型超新星的爆炸，将白矮星完全摧毁。

一般由质量不同的正常恒星组成的双星，质量较大的子星先演化为白矮星，与上述情况类似，可以导致Ia型超新星的爆炸。

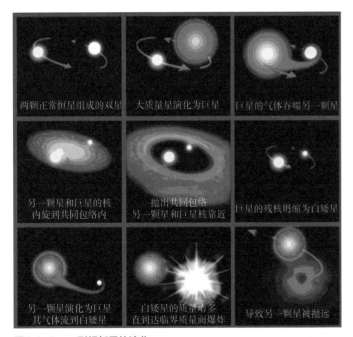

图3.9-3　Ia型超新星的演化

若密近双星的一颗子星的质量很大，它就较早地演化为中子星，而质量小的演化为白矮星。从白矮星流到中子星的物质形成盘，由于中子星的磁场作用，在垂直盘面的两极方向产生X射线喷流。这样的双星称为X射线双星。

若密近双星的一颗子星的质量特别大，它就较早地演化为黑洞，而质量小的演化为白矮星。从白矮星流到黑洞的物质形成盘，由于磁场作用，在垂直盘面的两极方向产生更强的X射线喷流。这样的双星也是X射线双星。

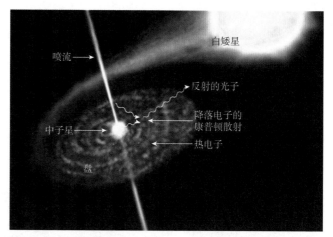

图3.9-4　X射线双星

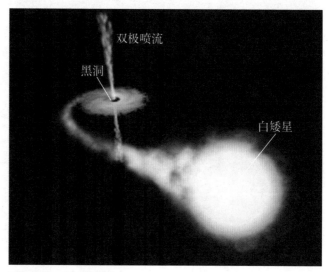

图3.9-5　X射线双星

10 太阳的形成和演化

　　太阳是太阳系的主宰天体，而地球和其他行星等成员是太阳形成演化的附属副产品，它们的形成和演化过程受太阳演化情况的制约。那么，太阳是怎样形成和演化的呢？虽然我们观测到的是太阳的现状，追溯太阳久远前的形成和演化过程是很困难的。但是近些年来，一方面，从演化程度小的陨石和小天体样品研究得到了太阳系早期留下的线索；另一方面，太阳作为一颗中等质量的典型恒星，其形成和演化应当与同类恒星一样，通过观测不同年龄的恒星和研究恒星的形成和演化理论，可以相当清晰地认识太阳一生的形成和演化过程。

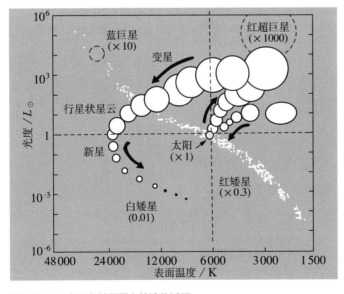

图3.10-1　太阳在赫罗图上的演化过程

太阳的形成与早期演化

从陨石样品的放射性同位素测定出陨石的最早年龄为45.72亿年，常取它为太阳系标准开始时间。从恒星形成的研究也得出太阳的年龄大致如此。太阳的元素丰度与宇宙的一样，有很多重元素，说明太阳不是银河系的第一代恒星，而是后代的恒星。原太阳是从一个几千$M_\odot$的星际云分裂的云核之一——**太阳星云（或原始星云）** 中心部分收缩而形成的。原太阳约经历7 500万年的引力收缩阶段，成为金牛T型的前主序恒星。在几百万年期间，太阳活动和物质抛射（**星风—太阳风**）比现在猛烈得多。由于太阳星云一开始就有自转，引力收缩中留下少部分外部物质形成星云盘（但占有大部分角动量），而大部分物质聚集成太阳。在太阳早期演化（金牛T型星）阶段抛出的物质又带走很多角动量，太阳进一步收缩，其中心区温度升到1 000万摄氏度，开始发生氢燃烧的热核反应，进入主序演化阶段。

太阳的中期演化

太阳的中年期漫长，大约经历100亿年。太阳收缩过程中，其核心部分变得更密、更热，温度达到10^7 K时，太阳演化为"零龄主序"星，氢燃烧（氢聚变为氦的热核反应）点火，先是质子—质子循环反应，产能率还较低，随着温度升高，碳—氮—氧循环反应启动，产能更有效，成为长期而稳定的太阳能源。

太阳刚演化到主序星时，它的半径、光度和表面温度都比现在的小，随后缓慢增大，在赫罗图上长期处于主序带。

氢燃烧生成的氦逐渐形成太阳中心区的氦星核。氢燃烧区向外扩大，太阳演化为中心有氦星核和邻接的氢燃烧层。氢燃烧层的产能导致氦星核压缩，温度升高，氦燃烧启动，也导致外部膨胀。于是，太阳演化进入主序后的演化。

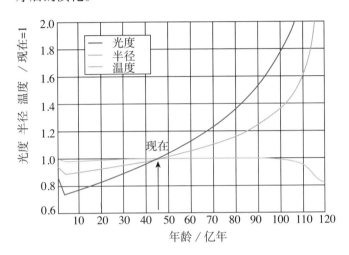

图3.10-2　太阳的光度、半径和温度的演化

太阳的未来演化

在太阳演化到脱离主序带，经亚巨星演化为体积大（半径可达近于地球公转轨道半径）和光度大（可达上千倍）的**红巨星**。而后的几亿年中，当星核的氦耗尽，变为碳星核，邻接层氦燃烧，再外是氢燃烧层，红巨星的太阳变为不稳定，缓慢地（每隔几万年）交替收缩和膨胀，脉动振幅逐渐增大，抛出气壳，成为**行星状星云**，留下的星核坍缩为质量为0.51 ~ 0.58 $M_\odot$的**白矮星**。以后，白矮星冷却，变为**黑矮星**。

11 太阳系起源的多种假说与现代星云说

1644年，笛卡尔（R. Descartes）在《哲学原理》中提出太阳系起源的观念，向上帝创世观提出挑战。但真正在僵化的自然观上打开第一个缺口的是康德（I. Kant）和拉普拉斯（P. S. Laplace）。他们各自独立地提出了太阳系起源星云假说，从此开始了太阳系起源的科学研究。

康德和拉普拉斯的星云假说

图3.11-1 康德
（1724—1804）

1755年，年轻哲学家康德发表《自然通史和天体论——根据牛顿定理试论整个宇宙的结构及其力学起源》，提出太阳系起源的星云假说。他认为，太阳系的所有天体是从一团弥漫物质（星云）在万有引力作用下逐渐聚集形成的，向星云中心聚集的物质形成太阳；向太阳下落的颗粒碰撞而绕太阳公转（这一点是不对的），在引力强的几处聚集形成行星，绕太阳公转的颗粒撞落在行星上而使行星自转；类似的过程在行星周围形成卫星，在星云外部形成彗星；在土星轨道之外可能还存在当时未知的行星。这些观点在当时并未引起重视。

图3.11-2 拉普拉斯
（1749—1827）

1796年，数学力学家拉普拉斯在《宇宙体系论》中提出太阳系起源的另一个星云假说。他认为，太阳系是由一个转动的气体星云形成的，星云起初的体积大且温度高，后来逐渐冷却和收缩；由于角动量守衡，星云收缩中自转变快，惯性离心力变大，形状变扁；当星云外部气体的惯性离心力变到抗衡所受引力时，就不再参与收缩而留下来，形成转动的环体；星云继续收缩中，多次重演这样的过程，形成几个环体；后来，星云的中心部分形成太阳，各环体聚集而形成行星；行星周围重演类似过程而形成卫星；土星光环由未结合成卫星的众多颗粒组成。

康德和拉普拉斯的两个星云假说虽然有差别，但基本观点相同——太阳系所有天体由太阳星云形成，力学规律起主要作用，合称**康德—拉普拉斯星云说**。这一学说在19世纪末开始受到批评，主要是因为高温物质不易聚集和不能解释太阳系角动量问题——行星质量比太阳质量小得多，但行星的角动量比太阳角动量大得多。

灾变假说和俘获假说

20世纪前期，有些人相继提出多种灾变假说，认为某个事件使太阳分出的物质形成行星。美国的钱伯林和莫尔顿提出的**星子假说**认为，走近的恒星从太阳引出两股巨潮，它们随恒星离去而扭转，逐渐汇合成绕太阳转动的气体盘，再凝聚成固态星子，星子聚集而形成行星。金斯的**潮汐假说**认为，走近的恒星从太阳背面引出的潮较小且很快消落，正面的潮大且随恒星走远而成为弯曲的长雪茄形，后断裂成几团，它们凝聚成（两端小、中间大的）行星。起初，行星的轨道扁长，过近日点时受太阳的引潮力大，行星分离出的物质形成卫星。土星的引潮力使走近它的卫星瓦解而成为碎块组成的光环。还有人认为，恒星从太阳撞出的物质形成了行星，或太阳爆发抛出的物质形成了行星。灾变假说的最严重问题在于，行星和太阳的某些同位素比率不一样，却与星际冷物质的相当。

1944年，苏联科学家施米特提出一种**俘获假说（陨星说）**。他认为，太阳从它经过的一个星际云俘获部分物质，在太阳周围形成星云盘，盘中质点碰撞结合成凝聚的陨星，陨星碰撞结合成行星和卫星。1971年，乌尔夫逊提出另一种俘获假说。他考虑到恒星成团形成，提出太阳从走近的原恒星（质量为 $1/7\ M_\odot$）拉出物质，俘获的一长条（2×10^{28}千克）绕太阳转动，后断开为6团，形成6颗原行星并很快坍缩为行星；它们的初始轨道扁长，受残存物质阻尼而变圆。原行星受太阳引潮力而隆起，在原行星收缩中留下物质而形成卫星。两个"内行星"发生碰撞，小的一个碎裂，三个大碎块分别成为地球、金星和水星；大的一个逃离太阳系，它的卫星成为火星、大的小行星及月球，小碎块成为小行星和彗星。

现代星云说殊途同归

近几十年来，由于取得了大量观测资料及理论研究更加深入，有人提出了一些现代新星云说。一般认为，太阳星云是一个星际云碎裂的"云核"之一，有初始自转，自吸引收缩变密，中心部分形成太阳。星云收缩中自转变快，惯性离心力变大，外部扁化为星云盘，盘中物质聚集形成行星和卫星等天体。但是，对太阳星云的结构和演化过程等问题，各家看法不同，可分为两大派。一派认为太阳星云的质量较大（$2\ M_\odot$），先形成大的原行星，再演化成行星。另一派认为太阳星云的质量较小（$<1.2\ M_\odot$），先形成星子，再聚集成行星。

美国的卡米隆联系到太阳形成与陨石的分析结果，

从力学和化学两方面研究太阳系起源问题。他的大质量星云盘和由原行星形成行星的一系列论证成为美国主流派代表。他认为，太阳星云的质量较大（约 2 $M_\odot$），初始大小约 10 万 AU，初始角动量约 9×10^{53} 克·厘米^2/秒，很快收缩而形成星云盘，盘先以吸积过程为主而增大质量和半径，后来因降落物质的激波加热而丢失外部物质，结果导致盘中各区温度先升后降的变化，内区凝结出成岩物质，外区凝结出冰物质，但大部分仍是气体。星云盘发生不稳定而形成环，再瓦解为一些气团，它们大部分碰撞结合为 1 ～ 30 倍木星质量的"气体原行星"。内区原行星形成较早，质量较小，因温度高和受太阳的引潮作用大，很快丢失气体，留下的内核形成类地行星。外区原行星形成较晚，质量较大，因温度低和受太阳的引潮作用小，丢失的气体少，形成外行星。它们有自转，自吸引坍缩，外部变为转动盘而形成卫星系。他用湍动黏滞摩擦等搅拌作用来解释太阳系角动量问题：湍流衰退后，固态物质沉降到盘的中面，由于引力不稳定性而聚集形成小行星；有的小行星被俘获为行星的卫星，或陨落到行星上；星云盘的海王星区以外，大部分丢失到恒星际，留下的部分形成彗星。他对一些重要问题进行了理论计算，不断修正原来的某些看法。他与合作者提出了月球起源的碰撞说，用计算机数值模拟得出，地球在形成晚期受到一个约 0.14 M_E（地球质量）的大星子低速掠撞，碰撞时该星子瓦解，其金属核被地球吸积，其幔物质再聚集成月球。

1969 年，苏联的萨弗隆诺夫出版《原行星盘的演化与地球和行星的形成》。他估计星云盘质量约 0.1 $M_\odot$，初始角动量 2×10^{52} ～ 5×10^{53} 克·厘米^2/秒；盘中的固态颗粒沉降到中面而形成"尘层"，尘层出现引力不稳定性，分裂为环系；各环瓦解为扁球状凝聚物，碰撞而结合，并收缩变密而成为星子，星子聚集增长快而成为行星；外行星区温度低，冰物质也凝结为固态，参与木星和土星的生长，木星胎和土星胎的生长快而大，可以有效地吸积星云盘气体而成为它们的外层和大气；但天王星胎和海王星胎生长慢，吸积的气体较少。他用行星供养区（即吸积范围）来说明提丢斯—波得定则。行星自转角动量是它们吸积的星子得来的，天王星因为被大星子撞击而变为侧向自转。他认为，小行星区的星子生长慢，有些被从木星区过来的大星子"吃掉"，因此不会生长为大行星。他算出，外行星的摄动可以把2.5倍地球质量的大量星子抛到奥尔特云，还能把200多倍地球质量的物质抛离出太阳系。行星俘获星云盘的尘粒，形成绕行星转动的尘粒群，并聚集形成规则卫星，而不规则卫星是行星俘获的星子。

在上述论述的基础上，日本的林忠四郎从1970年开始进行太阳系起源的一系列研究。他推算得出，星际云收缩而瓦解为很多碎块，成团地形成恒星。太阳（原始）星云就是这样的碎块之一，质量略大于 $1\,M_\odot$，有初始自转，它自吸引收缩形成中心的原太阳和周围的星云盘。他估算星云盘的质量为 $0.04\,M_\odot$，并导出盘的密度和温度的径向分布，建立了内薄外厚的星云盘模型。盘中固态颗粒向中面沉降，$10^5 \sim 10^6$ 年形成"尘层"，而后由于引力不稳定性形成环系，各环断为约10千米大的 $10^{11} \sim 10^{12}$ 个尘团，它们的质量为 $10^{18} \sim 10^{20}$ 克。尘团聚集成固态星子，星子聚集形成原行星核，再进一步吸积生长为行星。木星固态核（木星现质量的1/50）形成需 10^8 年，再吸积大量气体并坍缩到固态核上，也俘获星子而形成卫星。随后，太阳早期的强劲太阳风驱走盘内的残余气体。小行星区的物质少而不能形成大行星。

澳大利亚的普伦蒂斯提出了新拉普拉斯学说。他认为，太阳系原始星云不是拉普拉斯所假设的热气体云，而是在约 $10^4 M_\odot$ 的星际云内的冷区形成的 $1.05 M_\odot$ 的转动气体—尘埃云，其中心先形成小的恒星核，并使外部缓慢收缩。他提出超声湍动转移角动量理论，论证了外部在收缩中依次留下 10 个各约 $0.003 M_\odot$ 的气体环。通过计算机数值模拟，得出最内的"祝融星"环的温度很高，物质不凝结，不会形成行星；其余内环的温度较高，只有成岩物质凝结；外部 4 个环的温度低，还有冰物质凝结。各环的凝结物质向环轴聚集，形成星子流，再聚集为行星，形成过程至多需要 30 万年。内环的成岩凝结物质聚集形成类地行星。4 个外环的岩和冰凝结物聚集形成质量大的类木行星核，足以有效地吸积气体并使之坍缩为它们的中、外层及浓厚的大气。但是，介于两类行星之间那个环的星子聚集需要 50 万年，而此时期因强烈太阳风驱走星云气体，星子流不能聚集为大行星，从而成为小行星。类似地，在大行星大气的收缩过程中，由于超声湍动对流而留下多个环，形成规则卫星，而不规则卫星是俘获来的星子。该学说不仅很好地解释了太阳系起源的已知观测事实，而且准确地作出某些推算和预言。例如，预言天王星和海王星存在未知卫星，等等。这些预言都被后来飞船的探测验证了。

瑞典的阿尔文用电磁理论研究太阳系起源的一系列问题。他认为，太阳早期有很强的偶极磁场和自转，源云物质向太阳加速降落过程中发生碰撞电离，离子受太阳磁场作用留在一定距离处，形成 4 个等离子体云，云中也含有杂质而成为尘埃等离子体。太阳与等离子体之间有电流，电流与磁场相互作用，从而从太阳向等离子体转移角动量。引力、离心力与电磁力的平衡导致等离子体"谐共转"。电流的箍缩效应造成"超日珥"，那里比周围密度大和温度低，凝聚出中性颗粒，它们相互作用形成"喷流"。他提出喷流中的颗粒聚集为星子，星子再聚集为行星，在行星的形成过程中重演上述过程而形成卫星。他认为，月球和海卫一原来也是独立的行星，后来被俘获为卫星。该学说提出了一些新颖的观念和理论，但没有获得公认和发展。

上述星云说虽然各有特色，但是有很多共同特征，可以说"殊途同归"，概括地示于图3.11-3。

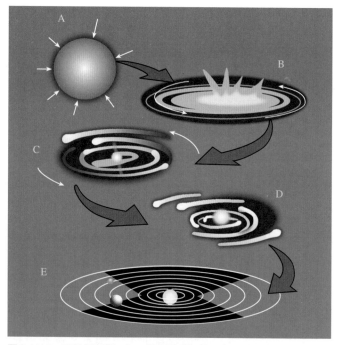

图3.11-3　现代星云说。A：转动的太阳星云自吸引收缩；B：形成太阳及星云盘；C：盘的内区热、外区冷，凝聚不同成分的颗粒；D：颗粒集聚为星子；E：星子集聚为行星

12 戴文赛的新星云说

戴文赛（1911—1979）是我国现代天体物理学、天文哲学和天文教育的主要开创者与奠基人，是中国天文事业的泰斗级人物。他提出的太阳系起源的新星云说，较全面、系统和有内在联系地论述了太阳系的形成过程，阐明了太阳系主要特征的由来和各类成员的起源，影响深远。

原始星云的由来和星云盘的演化

根据恒星形成的观测研究结果，太阳系原始星云应来自星际云的一个冷而密的云核，受附近超新星爆发抛出物或大质量恒星演化的强辐射的外压，其质量超过金斯质量，因而成为独立收缩的太阳系原始星云。

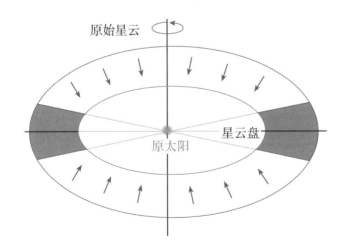

图3.12-1　原始星云的收缩与星云盘的形成

从太阳系现在的所有天体资料，以及依据金牛T型星观测资料，估计太阳早期的强太阳风损失的质量，合理地推算出原始星云的质量可能小于1.2 $M_\odot$，转动角动量是现在太阳系总角动量的160～200倍。原始星云收缩而形成原太阳和内薄外厚的转动星云盘。

星云盘中的颗粒在太阳引力和转动离心力的合力作用下，向盘的中面沉降，并碰撞结合而长大。戴文赛用自己推导的理论公式，计算星云盘的密度和温度分布和尘层的形成，得到沉降时间为4.5万年（内区）到62万年（外区），颗粒长大到3.4毫米（内区）、0.04毫米（外区），这与陨石中的球粒大小相当。

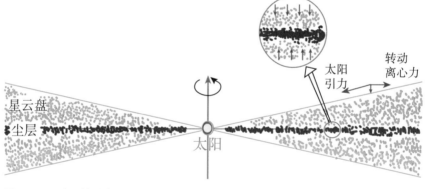

图3.12-2　尘层的形成

行星的形成

尘层内的物质密度已足够大，局部扰动造成的引力不稳定性及转动不稳定性使尘层瓦解为很多颗粒团，各团自吸引而聚集成固态星子，初始星子的质量可以达10^{15}千克（内区）到10^{17}千克（外区）。大星子的引力较强，可以更有效地吸积其运行中遇到的物质和小星子，从而迅速长大。星子之间的引力摄动使它们的轨道变为多样化，更易发生交叉、接近和碰撞，大星子越长越大，最大的星子成为行星胎，再进一步生长成行星。计算得出，地球的形成时间需几百万年，其他行星的形成时间也大致如此，这与陨石分析得出的陨石母体形成时间一致。绕太阳公转的星子聚集形成行星的过程中，把公转角动量的一部分转化为行星的自转角动量，初始行星基本在公转方向（顺向）自转。

行星主要特征的成因

由于行星在转动星云的尘层内形成，它们的轨道必然具有共面性和同向性，太阳也是同向自转的。大量的星子碰撞而聚集形成行星是一种随机过程，其平均结果导致行星轨道近于圆（近圆性）。但是，随机过程也有一定的偶然性，使得平均化不彻底，尤其在行星形成晚期受大星子偶然撞击的影响更大，造成行星轨道有一定偏心率和倾角。

行星形成晚期被大星子掠撞表面的力矩作用，可导致行星自转轴和自转周期的改变。金星的逆向自转和天王星的侧向自转是由于大星子从特殊方向掠撞它们所致的。

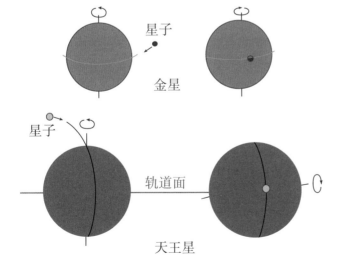

图3.12-3　金星的逆向自转和天王星的侧向自转示意图。金星的逆向自转是被其质量3%的大星子逆向撞击赤道表面所致的；天王星的侧向自转是被其质量5.4%的大星子近于垂直撞击赤道表面所致的

行星的吸积范围会比其引力范围大一个量级。行星的引力范围和吸积范围与行星轨道的半长径成正比，并随行星质量的增加而增大，结果导致符合提丢斯—波得定则区域中的大星子生长为行星。

图3.12-4　行星的引力范围和吸积范围

卫星和环系的形成

与行星形成过程相似，卫星也由星子聚集形成。木星和土星吸积气体而形成气壳，后来吸积的星子因受气壳的阻尼，在气壳内形成转动的星子盘，聚集形成规则卫星。当气壳质量随吸积而变得越来越大，就会自吸引坍缩到行星核上，形成它们的中层和外层及大气。在行星的洛希限范围内的物质受行星引潮作用大，不能聚集成卫星，从而成为小质点的行星环系。不规则卫星可能是行星后来俘获的大星子。海王星的卫星和环系可能也是同样过程形成的。天王星的卫星和环系可能是晚期大星子掠撞其表面造成物质抛出而形成的。

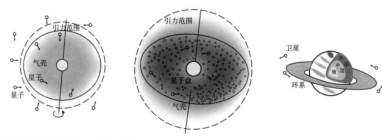

图3.12-5　卫星和环系的形成

冥王星的情况特殊。它可能是海王星区的原来残余大星子，因受另一个大星子对心撞击而改变到现在的轨道，其卫星可能是撞击的碎块聚集形成的。

小行星和彗星的形成

小行星是行星形成过程中的半成品。星云盘的温度分布决定了木星区发生冰凝聚，而小行星区的冰不凝聚，因为木星区的固态原料多，形成的初始星子就较大且生长快。这些星子之间的引力摄动使得部分大星子的轨道变为穿过小行星区，吸积而带走小行星区的物质及小星子。于是，小行星区的原料减少了，使得星子生长停顿在半成品状态，不能形成大行星，成为仅残留下半成品的小行星。穿过小行星区的大星子也摄动那里的小行星，使它们的轨道变为多样化，更容易发生相互碰撞而碎裂成小的小行星及陨石。

彗星是星云盘外区形成的残存冰星子。它们因受外行星的引力摄动而进入太阳系边缘的奥尔特彗星云，后来又受到走过恒星的引力摄动而改变轨道，再进入到内太阳系。还有一些冰星子留在冥王星轨道外的柯伊伯带。

13 行星的形成

现代一般采用行星形成的标准模型，将行星的形成过程分为四个阶段：（1）星云盘中的固体颗粒聚集和沉降；（2）在薄星云盘中面，由固态颗粒聚集形成星子；（3）星子吸积形成行星胎；（4）很大的行星胎也常称为原行星（Protoplanet），它们撞击而聚集形成类地行星及类木行星的星核，这些星核又吸积气体而成长为类木行星。对于从星云盘到行星体的形成比较复杂的一些过程及条件，有人分别进行了理论研究。近些年来，更具体地用电脑进行数值模拟，取得了很多重要成果。

星云盘的颗粒聚集形成星子

星云盘基本是宇宙丰度的，由气体和尘埃组成，虽然固体颗粒不是主要组分，但却是行星的基本"建造砖块"。从固态颗粒聚集形成星子，再聚集为行星体，涉及很多因素的复杂过程。近些年来，实验模

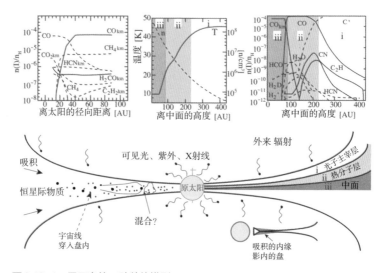

图3.13-1 星云盘的一种数值模型

拟、理论模型和早期恒星的原行星盘观测都取得了新的进展。星云盘的初始固体颗粒很小（约1微米）。尘（冰）颗粒向盘的中面沉降，同时，碰撞结合为较大颗粒。于是，尘颗粒边沉降、边增长，在盘中面附近形成密度大的"尘（冰）层"。

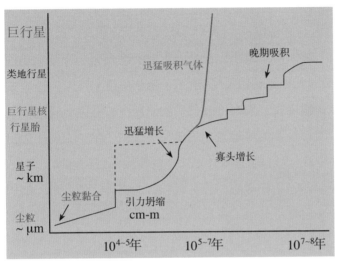

图 3.13-2　从颗粒到行星的成长历程

颗粒很快地（在1AU处100～1 000年）增长到米量级大小。但是，由于它们与小颗粒高速碰撞，漂移到达很热的内区就蒸发而消失，进一步增长遇到困难，成为"米尺度障碍"的未决困难。

星云盘中面的密度大，局部颗粒团可以满足引力不稳定判据而自吸引坍缩，形成1千米至10千米大的固体星子。较大星子受气体影响小，漂移慢，由于有足够引力场而更有效地吸积增长。然而，固体颗粒是开普勒速度的，层间的速度差产生湍流，搅混颗粒层，一直到沉降与湍流达到平衡，这就妨碍颗粒密度增大到发生引力不稳定性。但是，实际上半数的年轻恒星有尘埃碎屑盘，这说明发生了星子增长。

星子吸积形成行星胎

当星子达千米以上，它们之间的引力作用就重要了。星子碰撞结合为大星子，使轨道变圆。长程引力相互作用导致动能（动力学摩擦）和角动量（黏滞搅拌）的交换与再分配。星子初始增长缓慢而有序，但随着时间推移，形成一些较大的星子。随后，由于小星子相遇而变为偏心的倾斜轨道，更易接近大星子而被吸积，大星子"迅猛增长"为行星胎和巨行星核。对于最小质量星云盘的1AU附近，千米大小的星子仅约1万年就吸积而迅猛增长到$10^{-3}M_E$（地球质量）。

随着行星胎迅猛生长，周围可吸积的物质减少，胎生长逐渐减缓到有序。但是，当行星胎的质量生长到典型星子的千倍，它的引力摄动就更重要了。于是，行星胎进入"寡头"混沌撞击生长阶段。结果，邻近行星胎在径向的间距变规则，各自吸积其"供养（环）带"的固态物质。对于最小质量星云盘，在短于星云寿命的时标就形成月球到火星（$0.01 \sim 0.1M_E$）大小的寡头。盘中若含有多于最小质量星云盘的固态物质，就会在更短时标产生更大质量的寡头。

一旦类地天体的质量达到约$0.01M_E$以上，它们就显著地扰动附近气体，形成螺旋密度波。最后，寡头系统失去稳定，进入$10^7 \sim 10^8$年的混沌增长阶段，即由巨撞击和继续吸积星子而增长为类地行星。近

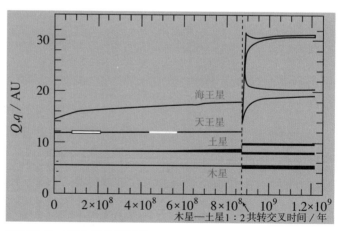

图3.13-3　巨行星的轨道迁移

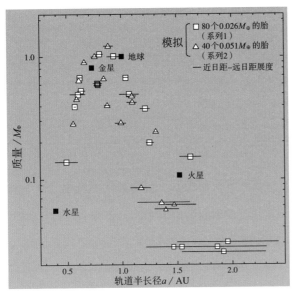

图3.13-4　木星的轨道迁移对类地行星形成的影响

十年来，一些数值模拟得到行星的质量、自转角动量、轨道性质方面的相似结果。（1）类地行星的质量和轨道半长径与实际情况相似。（2）轨道偏心率和倾角略大于实际值。（3）自转由最后的几次大撞击决定。（4）行星形成的时标为1亿～6亿年，与放射性元素测定结果基本符合。因此，地球和金星是"寡头"撞击生长的必然结果，而火星似乎是遗留的寡头。地球和金星的近圆轨道需要额外的阻尼机制，残余气体盘所施动力学摩擦或引力拖曳是很好的候选，与气体的其他相互作用驱使火星或更大行星的轨道（迁移）变小。

　　类木行星形成的早期阶段与类地行星相似。从星子开始，随之，迅猛地和"寡头"地生长。但因"供养带"温度低，处于"雪线"之外，水和其他冰物质凝结为固态，尤其木星和土星区有更多固态物质来形成大的行星胎——星核，更有效地吸积气体，乃至大大超过原来质量，并坍缩为中层和外层及大气。四颗巨行星尤其是天王星和海王星的轨道迁移更为显著。木星胎和土星胎的形成早于并大于类地行星胎，尤其木星的轨道迁移导致小行星区的星子增长停顿，对类地行星的形成也有影响。

14 月球是怎样起源的

1880年，达尔文（G. H. Darwin，著名生物学家 C. R. Darwin 的次子）提出月球是从地球分裂出去的。后来，一些人提出多种假说，可以概括为三类。（1）分裂假说，认为地球早期呈熔融态时，由于自转快，加上太阳的引潮作用，发生自转不稳定性而分离出去的部分冷凝为月球。2010年，Meijer & Westrenen 提出新的分裂假说——核爆炸说，认为月球是快速自转的地球发生一次核爆炸而从地球分离出去的。（2）俘获假说，认为地球和月球形成于太阳星云的不同部位，当月球运行到地球附近时被地球俘获为卫星。（3）共同吸积假说，认为在地球吸积形成期间，也形成环绕地球的盘，盘物质聚集而形成月球，或者说，地球和月球是共同吸积形成的"双行星"。上述每类假说还有多种，各具特色，但都遇到难解的困难。20世纪70年代，有人提出月球起源的巨撞击假说，认为地球形成晚期受到一颗如火星大的天体撞击，抛出物形成月球。20世纪80年代后，这一撞击理论逐渐引起人们的重视，并且新的撞击模拟在关键问题上取得了重要进展。

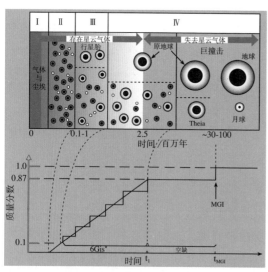

图3.14-1 地球形成过程的四个阶段。MGI-形成月球的巨撞击，Gis-系列巨撞击

176

模拟月球起源的约束

月球的撞击起源与地球的形成过程密切相关。模拟月球撞击起源必须符合地球和月球的动力学特性与总成分性质的关键约束。（1）质量和角动量。撞击体（弹体）和原地球（靶体）的质量总和 $M_T \geqslant M_M$（月球质量）+ M_E（地球质量），它们的角动量总和 $\geqslant L_{EM}$——地月系（包括地球自转的和月球轨道的）总角动量。（2）月球的轨道演化。潮汐相互作用使月球轨道变大和地球自转减慢，月球形成时离地球很近，当时地球自转很快。月球形成于地球的洛希限 $\alpha_R = 2.90 \ R_E$ 外。有效的撞击应把更多角动量分配到轨道上的原月球物质。（3）相对于地球而言，月球缺乏挥发元素和铁等金属，却富集难熔元素。（4）月球的岩浆海。月壳的斜长岩成分表明，月球早期必须有足够热量来产生几百千米深的"岩浆海"。（5）地球和月球的成分对比。成分的相似性多于差异性，地球与月球的氧等同位素丰度相似，弹体和原地球是由原先在同一成分带的物质形成的。月球或者从地幔物质，或者从已分异的弹体物质形成，应同时说明它们成分的相似性和差异性。（6）月球和地球的年龄及形成期。月球年龄约44.2亿年，地球年龄约45.4亿年。经过短寿命放射性同位素体系量化研究，月球和地球有类似的Hf-W同位素体系分异时间和衰变期。

巨撞击的模拟

21世纪以来，美国科罗拉多州博尔德市西南研究所的Canup进行了一系列形成月球的撞击模拟。一个满意结果如图3.14-2所示。弹体质量为 $0.13M_E$，原地球质量为 $0.89M_E$，撞击参数 $b \equiv \sin\xi = 0.7$（ξ 是靶表面法线与弹体轨迹的交角）；撞击前，原地球相对于弹体逆向自转，自转周期为18小时。图示几个时间的情况，彩色标示质点的绝对温度（K），红色温度 $T > 6\ 400K$。e图显示最后地球–盘系统（计及逃逸物质后）含 $1.01 \ M_E$，角动量等于现在的地月系角动量。f图是地球最终热

状态的特写，红环是吸积进地核的弹体铁核。掠过原地
球的弹体原来物质几乎在原轨迹面上形成拉长结构（b
图）。由于这些物质经历开普勒运动，缠绕为拖尾的旋
臂（c图）。臂内（主要是弹体的铁核物质）再撞入地
球，穿过此结构的引力矩使得臂外部获得角动量，到达
轨道（d图）。绕转盘含 $1.4M_M$（e图），有7%铁和85%
的弹体物质，50%质点的轨道近地点在洛希限外。最终
盘含有一个约 $0.5\ M_M$ 的完整团成为月球前身。近地点在
洛希限内的团约20小时内被潮汐瓦解。

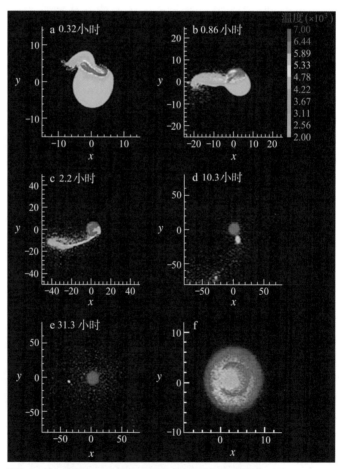

图3.14-2　弹体巨撞击原地球而抛出物聚集过程的模拟。距
离单位为1 000千米

模拟质点追溯到弹体和靶行星（图3.14-3），盘物质大多来自弹体前部的撞击交面区。得到满足约束的模拟结果与此类似，75% ～ 90%的盘物质来自弹体。模拟还得出，初始盘至少在一星期内就扁平化和黏滞扩展，不足一年后就形成质量为0.85为M_M、轨道半长径为$1.4\alpha_R$的绕转的大月球。模拟得到月球吸积时间比辐射冷却时间短得多，而且月球的单位质量吸积能足以加热冷硅酸盐到熔点。因此，月球起初是热而熔融的，产生岩浆海。

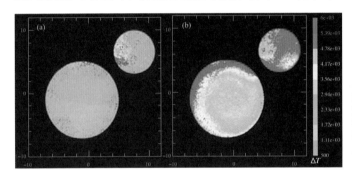

图3.14-3 （a）模拟质点追溯到弹体和原地球，盘物质大多来自弹体前部撞击交面区；（b）显示各质点经历的峰值温度变化 $\Delta T \equiv T_{max} - T_{(0)}$

巨撞击的最新模拟

巨撞击的最新模拟允许角动量损失并得到合理的氧同位素，可分为标准的、小的、大的撞击体三类。其中，标准撞击体为地球最终质量的10%，小撞击体为地球最终质量的5%，大撞击体近于地球最终的质量。

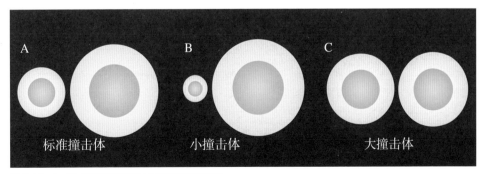

图3.14-4 形成月球的巨撞击三种新模型例子

Canup 的最新模拟

Canup 的最新模拟改用大弹体撞击原地球，两者混合而变为成分相当，可以产生与地幔同样成分的盘，以符合地球与月球的成分相似性，也由与太阳共振而从地月系移走相当多的角动量。

Canup 采用弹体和原地球具有铁核和硅酸盐幔的分异体，模拟示于图 3.14–5。弹体和原地球的总质量为 1.04 M_E，撞击参数 $b = 0.55$，低速撞击；各质点赋予成分（星核质点为铁，幔质点为纯橄榄石）和相应的物态方程，追踪它们随着时间的演化；色标指示质点温度，红色 > 6 440K；它们的铁核迁移到中心，合并的结构发展为棒状和旋臂；旋臂缠绕，最后散布为含 $3M_M$ 的盘，其硅酸盐成分与最终地球差别小于 1%。由于近对称的撞击，弹体和原地球物质近似成比例地贡献于最终盘的各处。

Canup 的新模拟与以前的标准形成月球的撞击大为不同。新模拟产生更热的盘，含 50% ~ 90% 质量的蒸汽，盘质量也大。新模拟可以去除弹体与靶体之间的成分不匹配或地球与盘的撞击后平衡，但产生的地球与盘的系统角动量大于现在的地月系角动量。这需要月球形成后经俘获到"出差共振"而转移走角动量。

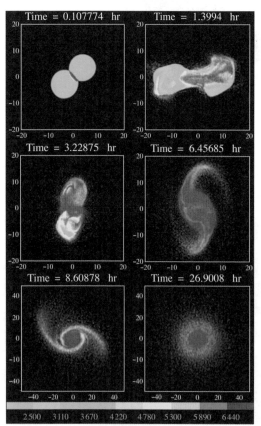

图 3.14–5　Canup 的最新模拟

结论

月球起源的巨撞击理论可以最合理地解释地月系的角动量和月球的异常成分特性，模拟得到以下关键结论。（1）在类地行星吸积形成普遍发生的巨撞击。现代数值模拟技术继续支持较早的研究结果，发现在形成类地行星体系中可以有形成月球的多种潜在撞击。令人惊奇的是，在其他恒星的行星系统可以直接观测到这样的撞击。（2）符合地月系情况的单次巨撞击。适当的弹体撞击原地球而产生恰当的原月球盘，近似具有地月系的或大些的总质量和角动量。撞击参数是一个关键约束，可以产生足够大质量的贫铁月球。（3）撞击产生的物质吸积到单个月球。中心大致在洛希限外的绕转物质，最常见的是聚集为单个的月球。（4）月球轨道倾角的起因。月球轨道倾角是以前的难题。最可能的解释是太阳共振，盘矩也起一定作用。

虽然一些巨撞击模拟很成功，但有相当宽的参数范围，在符合月球和地球的物理性质等方面还有些问题需要深入研究。

15 行星的演化

随着飞船的探访，行星和卫星等天体展现出各有胜景的大千世界，为太阳系的新画卷增添了异彩，而且其中所隐含的普遍含义和相互联系为揭示太阳系的演化提供了证据，也启示着对其他天体的认识，尤其是可以帮助我们更好地认识地球的过去、现在与未来。

在行星科学研究中，一种重要的方法就是比较行星学。20世纪中期，美国著名的科幻小说作家阿西莫夫在其科普著作中提出，比较行星学能够帮助我们更好地理解地球。美国天文学家萨根把比较行星学看作一个巨大的计算机程序，输入一些参数就可以导出行星的演化史。通过对演化程度不同的行星体的比较研究，已经得到太阳系演化的一些线索，尤其是对类地行星的比较研究，有助于探讨它们历史上的各种过程。

类地行星的地质演化

地质学原是研究地球表层（地壳）的物质、地质作用以及地球的形成发展史。自航天时代以来，地质学研究扩展到研究太阳系中的有固态表面的天体（通称类地天体），包括类地行星、矮行星、卫星、小行星、彗星（彗核），应运出现了行星地质学。尤其是飞船的近距及登陆一些类地天体的探测，揭示了类地天体的极为丰富多彩的信息，反映了它们经历过的地质过程和演化史。

类地天体的地质过程可以分为两大类（内成过程、外成过程）或三大类（内成过程、表面过程、外来过程）。内成过程是内部深处驱动的过程，如构造活动和火山活动。表面过程常涉及表面与大气圈或水圈的相互作用，包括流水侵蚀、风成搬移、块体坡移等。外来过程有陨击作用、太阳风作用等。类地天体表面有复杂的形貌，反映了各种过程相互作用的错综历史。各行星体的主要地质过程不同。就一个行星体而言，各地质过程在不同时期的重要程度也不同。

陨击作用。类地天体表面较普遍地有陨击坑。陨击坑大致呈圆形，大小不一，从直径不到1微米的微陨击坑到直径2 000千米以上的陨击盆地。从形貌上，可以将陨击坑分为简单坑和复杂坑。简单坑呈碗状，内部一般较平缓，深度与直径的比值大致为0.2。复杂坑有中央峰及环脊等特征，坑边缘可能有塌方，坑底较平缓，坑的深度与直径的比值（一般为0.01 ~ 0.2）小于简单坑。各行星的简单坑与复杂坑划分的坑直径和深度不同，明显地与行星引力场有关。例如，在引力场很强的地球上，两类坑划分的坑直径约为3千米；在引力场弱的月球上，两类坑划分的坑直径为十几千米。

显然，行星表面越古老的区域受到的陨击次数越多，因而陨击坑的密度越大，因此，可以按照陨击坑密度估计行星表面各区域的相对年龄。后来的陨击破坏先前存在的陨击坑，老的陨击坑也被其他地质过程改造，甚至地球上年龄老于20亿年的陨击坑都难于识别了，而月球、水星和火星的古老高地上陨击坑密度几乎达到"饱和"程度，且陨击坑的大小分布情况也相似。这表明它们早期都经历过相似的陨击情况，进而可以把各行星的陨击事件相联系和对比（例如，水星的卡路里盆地、月球的雨海盆地、火星的海腊斯盆地可能大致在同时代形成，它们既有相似性，又有差异性）。但月球、水星和火星上的陨击地貌是有些差别的，例如，火星上老的陨击坑被改造的程度更大些。至今只有月球上的一些陨击坑已测定出绝对年龄，表明其早期陨击比后期多得多，由此推论行星早期都经历过严重陨击。虽然由于地球的严重地质演化而抹去了其早期陨击坑遗迹，但是上述早期严重陨击的推论也适用于地球——陨击成为地球早期的主要地质过程。

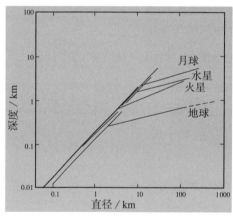

图3.15-1　陨击坑的深度-直径关系

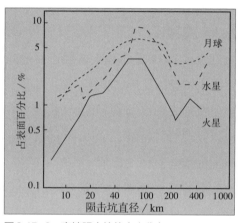

图3.15-2　高地陨击坑的大小分布

　　类地行星早期严重陨击（尤其是大陨击）的重要作用表现在以下方面。（1）改变行星的自转和公转状况。推算表明，若有行星质量百分之一的大星子掠撞行星，可使行星自转周期改变几小时，也可以改变自转轴方向。若大星子近于正撞行星，就可以改变其公转轨道。（2）造成行星表面的区域性再熔融和构造活动。大星子高速陨击行星外壳的局部区域，使那里物质熔融，并有溅出物沉积到周围。陨击造成该区域断裂和升降运动，破坏均衡，引起区域性构造活动，也促进壳下岩浆的侵入和喷发。例如，月海陨击盆地的底部被玄武岩填充，甚至陨击产生的月震波通过内部聚焦作用而影响到另一半球对趾区的构造。水星和火星的盆地也是如此。（3）造成行星表面各区域的化学差异。在行星形成后期，大星子可能来自远方，其成分与已分异的行星壳不同。例如，来自小行星带的大星子带来较多含水矿物，来自水星区的大星子带来较多难熔物及铁合金。大星子把其物质留在陨击区，使那里的化学成分不同于其他区域，也可能导致该区的幔物质上涌或喷出，因而成分不同于其他原壳区。最明显的例子是月球的质量瘤。地球上的热点或热柱是否与陨击有关？这是一个很值得探讨的问题。

火山活动。类地天体的表面都有火山地貌，地球和木卫一还有正在喷发的活火山。火山活动改造了行星原来的表面，给出内部热状态、幔的成分及岩石圈构造及演化的线索。各行星体的火山地貌既有一些相似特征，又存在相当差别。例如，类地行星上火山喷发的是硅酸盐（玄武岩）熔岩，木卫一喷发的主要是硫和二氧化硫，土卫三喷发的是水，而海卫一喷发的是氮。

类地行星形成都有早期熔融和分异，形成核、幔、壳结构，后来又有火山活动（第二次分异）改造其表面。第二次分异的程度和火山岩的种类与行星大小有关，对此可以解释为行星的热能大致与其体积成正比，而热辐射损失与表面积成正比，因此，体积/面积比（行星半径 R）越大，保留热能的程度越好，分异程度和规模越大、火山活动延续越久。月球约在 31 亿年前（个别区域可能延续到 25 亿年前）就终止了火山活动，地球至今仍有火山活动，金星有很多年轻的火山地貌，火星次之，水星则更少。

类地行星表面最主要的是陨击地貌和火山地貌，且有明显趋势——行星越大，火山地貌所占比例越大，而陨击地貌所占比例越小。早期严重陨击地貌的保留说明行星岩石圈较稳定和后来的地质活动程度小，而陨击坑密度小（较年轻）的火山单元表明在严重陨击时期之后有更大程度的地质活动，把早期严重陨击地貌完全破坏掉了。因此，火山地貌与陨击地貌的面积比可作为行星演化的大致指标，一般规律是月球演化程度小、水星其次……地球演化程度最大。要更确切地了解行星的地质演化，还需要知道各地貌单元的绝对年龄及相互联系。

地球和月球的多数地貌单元已测定出绝对年龄，水星、火星及金星的各种地貌单元的相对年龄可由陨击坑密度、交切及叠置关系得出。如果再按照各行星陨击坑对比而认为早期严重陨击发生在同时期，也可以估计它们的绝对年龄，由此可以得到每个类地行星的区域相对面积—年龄关系。一种极端情况是月球和水星，它们表面的地质演化在太阳系历史的前半期已基本结束。另一种极端情况是地球，其表面积的98%是后半期形成的，90%是近6亿年内形成的。火星情况介于两者之间，金星情况介于火星与地球之间。

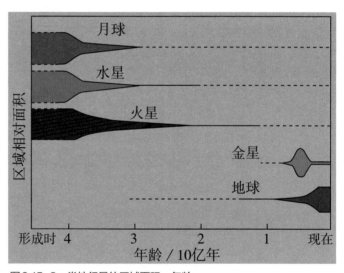

图3.15-3　类地行星的区域面积—年龄

构造活动。各个类地天体都在不同程度上显示全球的和区域性的构造地貌（如断层和褶皱），而且成因有相当大的差别，也与其他地质过程有交错复杂关系，反映了复杂的地质演化史。

目前研究较多的还是类地行星的构造活动。月球有

西北—东南、东北—西南及南—北走向的线性构造网格
（月球网格），可能是古月壳破裂并被潮汐应力再激活
的张应力所产生的。水星独特的广延叶状悬崖是挤压应
力所产生的，也有东北、西北、南北走向的线性构造网
格，可归因于全球冷却收缩和自转减慢所致。火星上有
以水手谷、塔西斯高原有关的地堑为代表的主要扩张
应力特征，也有线性构造网格，可能归因于火星的全
球膨胀。它们虽然有相似的线性构造网格，但成因不
同，甚至有人质疑构造网格。肯定的是，它们都没有
表征岩石圈水平运动的板块构造证迹，而地球正处于
海底扩张和板块构造的活动阶段。金星的雷达像上显
示，它既有压应力特征（如麦克威尔山脉），也有张应
力特征（如"冕"），还有类似峡谷的线性特征，或许
有初期板块活动。

虽然各个类地行星的全球性构造有较大差别，但它
们的局部区域都有与陨击盆地形成与填充以及与火山活
动有关的脊、地堑等构造，只是细节不同。而且，类木
行星的冰卫星也显示一些类似的构造特征。

类地天体上存在多种地质过程，它们既有普遍的相
似特征，又有很大差别。通过比较研究可以看出某些规
律，即随着行星质量的增加呈现严重陨击地貌所占的面
积百分比减小，火山地貌和构造地貌所占的面积百分比
增大，构造作用的程度和复杂性增加，水圈和大气圈的
作用改造表面的程度增加。木星和土星的一些卫星表面
也大多是严重陨击的，两颗小的火星卫星也是表面严重
陨击的，小行星和彗核表面也是如此，说明它们是演化
程度小的。但是，木卫一却是有活火山地质活动的。

现在的行星地貌是多种地质过程的综合结果。通过
比较研究看出，在某个天体的某个历史时期，各种地质

过程的重要性不同。例如，从质量较小的月球的地质研究清楚地揭示早期严重陨击过程作用的重要性，从质量大的金星和地球的地质研究看到火山过程在演化较晚期的重要作用。因此，对行星地质的比较研究有助于揭示每种地质过程的普遍规律及各种因素的影响，从而可以更好地认识地球尤其是其早期的地质演化。

行星大气的演化

各行星的大气成分有显著差别，说明它们的大气演化情况是不同的。

行星的引力场使大气保留在其周围，气体的热运动、行星自转离心力、其他天体的引力摄动又促使大气中的气体逃逸到行星际。它们的综合效应决定行星保留大气的能力。大气易逸散的情况包括轻（质量小）的气体、行星质量小、外大气层、近太阳的行星（温度高）。据推算，在100万年内，氢（H，H_2）从地球大气中逸散掉，氢和氦从金星和火星大气中逸散掉；在1 000万年内，氦也从地球大气中逸散掉，火星大气中还逸散掉很多氧。因此，类地行星现在的大气中氢、氦很少，并且必然不是原始大气保留下来的，而是次生的（如H_2O、CH_4、NH_3等离解生成的）。另外，质量大的木星和土星等能够有效地保留其原始大气，现在大气仍以氢、氦为主，表明它们大气的演化程度小。有人提出一个经验规则：若行星的逃逸速度大于气体热速度的5倍，则行星大气就会长久保留该种气体。

类木行星的大气演化程度小，它们的大气在漫长时期也发生一些逃逸、分馏及成分变化，氘/氢和碳/氢丰度比值大于太阳的。大气演化显然与各行星所处的环境及自身条件有关。

金星、地球和火星的大气演化程度很大、很复杂，一般地说，从还原态演化为氧化态。虽然它们的大气演化有某种相似的规律，但由于各自条件不同，演化的差别很大。它们的原始大气易逃逸，仅保留了少部分重的成分，主要是其内部热过程排出气体而形成次生大气，排出的气体主要有 CO_2、H_2O、CO、N_2、H_2 等，其成分与排气岩石的温度和氧化态（尤其是铁化合物的氧化态）有关。陨击（尤其彗星陨击）也继续带来挥发物。岩石温度高时，H_2O 部分地分解为氢和氧，太阳紫外辐射光化学过程也把 H_2O 分解为氢和氧，但氧又有效地结合到岩石中，因而早期大气是富氢的还原态。若大气温度不高，有些气体（如 H_2O、CO_2）会凝结和沉降到表面，通过岩石风化，一些 CO_2 结合到碳酸盐中，而氢容易逃逸，于是由化学过程及丢失过程，大气逐渐演化为氧化态。火星距离太阳远，表面冷却快，又因其质量小、重力弱，大气更易逃逸，而且其地质演化程度较小，因而排气过程也较弱，早期大气可能也凝聚和沉降到表面而又封锁于岩石中，不再循环返还到大气中。金星距离太阳近，表面温度高，大气中 H_2O 和 CO_2 气体多，温室效应强，这又使表面温度增高，结果 H_2O 和 CO_2 就不循环到表面，太阳辐射分解 H_2O 为氢和氧，氢易逃逸，氧把 CO 氧化为 CO_2。地球大气中的 CO_2 与地表之间则有循环，尤其是地球上有更多水，生物过程更严重地改变了大气成分。近年来，根据有关资料及较合理的演化假设，已经分别对金星、地球、火星的大气演化建立了一些具体模型。

总之，各行星的大气差别说明它们都经历了不同程度的演化。行星大气演化涉及其自身的和外界的很多复杂因素，从比较研究可得到行星大气演化的线索。类木行星的质量大，重力强，温度低，能够保留原始大气；类地行星大气的演化程度大，火山活动排气和气体逃逸到太空而改变大气。尽管火星和金星有很大差别，但它们大气的主要成分相同，且不同于地球大气。实际上正是地球的生物过程改变了大气，地球早期的大气可能与火星和金星的类似。木星和土星→天王星和海王星→金星和火星→地球的大气状况，在一定程度上反映了行星大气的主要演化进程。

16 宇宙的未来会如何

假如所有恒星都死亡了，宇宙会变得怎样？宇宙的未来会无限制地膨胀下去吗？是否有终结状态？科学家们对这些难题刚研究出一些"眉目"，得到了一些初步的研究结果。

宇宙未来的演化取决于宇宙的类型（开放、平直、封闭）。在自然界的四种基本作用力中，引力虽然最弱，但它在大范围内占支配地位。引力总是对宇宙膨胀起抑制作用。宇宙类型取决于密度参数 Ω_0。如果 $\Omega_0 > 1$（封闭宇宙），宇宙膨胀将减慢，然后变为收缩密集，直到开始下次大爆炸。在理论上和观测上基本都支持 $\Omega_0 = 1$（平直宇宙）或 $\Omega_0 < 1$（开放宇宙），都意味着宇宙仍会继续膨胀下去，这就可能发生一些有趣的事件。

恒星时期

从大爆炸起算，从几亿年到几百万亿年，从第一代恒星形成到恒星全部死亡是**恒星时期**。在此时期，宇宙的大部分能量来自恒星的热核反应。现在处于此时期中间，有些恒星走向死亡，有些恒星在形成或演化中。很多年轻星系也经历与中央黑洞有关的猛烈事件。黑洞"撕开"掉落过来的恒星，并有热气体盘环绕。

星系碰撞和合并继续发生。在未来60亿年内，银河系将与仙女星系（M31）相互作用，合并是迟早的问题。星系团内的很多星系大致也会如此。在几万亿年内，星系团将结合成无定形的超巨星系。在某些富星系团内，已经开始发生这种结合。活动星系核迟早死亡。

恒星时期往后，关键轮到红矮星。首先，虽然它们的质量不到太阳的一半，但数目多，总质量容易超过其他所有恒星的质量。其次，它们的氢燃烧慢得极其"吝啬",甚至可以延续几万亿年,最后成为小质量的氦白矮星;大的恒星早已演化到"尾声"的超新星爆发,留下中子星或黑洞。主序下端的0.08 $M_\odot$的恒星演化经历数十万亿年,到百万亿年至千万亿年,氢被耗尽,正常恒星的形成就结束了。当恒星混合物中的氧足够多,0.04 $M_\odot$的恒星就会在其高层大气中形成厚的冰云,抑制坍缩;恒星内部可进行少量核燃烧,以补充从表面损失的能量而成为真正的"冷恒星"。最后的红矮星死亡,恒星时期结束,进入简并时期。

简并时期

宇宙进入**简并时期**,仅居留冷而暗的恒星残存物:白矮星、褐矮星、中子星和黑洞。

褐矮星的质量太小,不能发生氢燃烧,是不太够格(热核反应)的恒星。它们的质量仍比行星大,几乎从一开始就有简并星核,以同样形式(仅变冷了)进入简并时期。

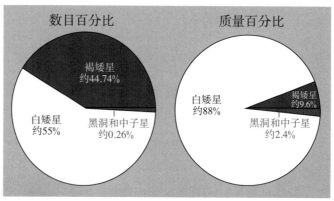

图3.16-1 简并时期,恒星(演化)结束(10^{14}年)"产物"的百分比

在简并时期，宇宙是冷而黑的。基本上没有来自任何源的辐射照亮太空和加热已久冻的行星，或以留存的光供给星系，宇宙的温度仅比绝对零度高十分之几度。然而，相对黑暗背景，也发生着有趣事件。随机相遇使死星在星系内的轨道弥散，有些死星获得轨道能量向外走，有些失去能量向里进，星系或超星系调整结构。密近相遇也逼走死星的行星，使行星自由飞行。在 10^{19} 年到 10^{20} 年的时期末尾，死星的暗遗物从星系或超星系抛出去，在已扩大的星系际空间漂泊。在星系中心的黑洞吸积少数大质量的死星，有各种大小的黑洞都继续长大。

两颗褐矮星碰撞会产生一颗小质量恒星——红矮星"标灯"和几颗行星伴随的系统，这种闪耀的红矮星可"活"百亿年。银河系大小的星系中，这种星的暗淡照耀奉献的光比现在的太阳光还少。此外，星系内平均每百亿年发生一次较大质量的白矮星碰撞和合并而成为超新星爆发，闪亮几星期。但是，白矮星碰撞的最普遍结果不是超新星，而是很异常的恒星。若碰撞产物至少 $0.3\ M_\odot$，它核心的氢燃烧会点火；$0.9 \sim 1.4\ M_\odot$ 的碰撞产物也发生内部碳烧碳。恒星碰撞延续到 10^{20} 年，直到星系抛出所有恒星为止。

在足够长时期，引力辐射变为重要，这种耗散过程使各类轨道损失能量并衰减。在 10^{20} 年内，原来间距1AU的双星衰减而合并。轨道小的行星也合并。恒星和逃离的行星及岩石体绕星系中心的轨道衰减很慢。在没有抗衡效应时，与星系当时的残留质量有关，它们可持续到 10^{25} 年或更久。

简并时期另一最重要的效应是星系晕暗物质。假如暗物质是"弱相互作用大质量粒子"（WIMPs），它们最终会被白矮星捕获，随后在白矮星内部湮灭而提供能量，使白矮星不至冷却到液氮温度以下。到 10^{25} 年，WIMPs资源耗尽，这种能源终止。这时，宇宙的"清单"里仅有白矮星、褐矮星、中子星、广泛弥散的死亡行星及岩石体，它们全是极其冷而暗的。

以后的宇宙会如何呢？现在只有初步推测。"大统一理论"预言质子寿命有限（$10^{30} \sim 10^{40}$ 年，可取为 10^{37} 年），从 10^{46} 年到 10^{100} 年发生质子衰变，存储在白矮星、中子星和其他天体的质（量）—能（量）因质子衰变而耗散。一颗白矮星因质子衰变而产生近400瓦（相当于几个电灯泡）输出，白矮星表面绝对温度仅0.1～0.2 K。由于质子衰变"消除"所有物质，简并时期就结束了，更暗更真空的宇宙又一次改变特性。

黑洞时期

简并时期结束后，宇宙留下的恒星质量级天体只有黑洞。当白矮星消失时，黑洞缓慢地"打扫"物质而略增大一些。黑洞也经过很缓慢的量子力学过程（霍金辐射）而最终蒸发。黑洞表面因为光子和其他基本粒子的热辐射而有辉光。辐射率与黑洞的表面曲率（因而大小、质量）有关。太阳质量的黑洞的辐射极其轻微，随着黑洞蒸发和枯缩，蒸发过程加快，最后结束于伽马射线闪耀。太阳质量的黑洞表面温度仅10K，维持蒸发10^{65}年。星系质量的黑洞表面温度为10^{-18} K，维持蒸发10^{98}年或10^{100}年。当最大的黑洞消亡了，黑洞时期就结束了。

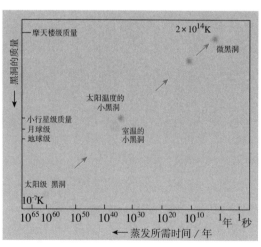

图3.16-2　黑洞的蒸发时间。黑洞从其自身时空结构辐射能量（因而质量），辐射率与黑洞大小（质量）有关，蒸发随黑洞变小而加速

黑暗时期

宇宙更晚的未来是黑暗时期，从质子到黑洞都没有清楚的东西留下，只有零星的"昙花一现"耗散黑洞期残留产物：红移到波长很大的光子和很少的中微子、电子和正电子，全都不可想象地远离。粒子之间的空间膨胀是难以想象的。然而，在空间飘荡的电子和正电子可能遭遇而形成"正电子原子"——电子和正电子相互绕转，这比现今整个观测的宇宙还大。电子和正电子将螺旋运动而接近，经极长时间终于湮灭。这些事件偶然产生高能光子，后因宇宙膨胀而红移，高能光子成为低能光子。

与"放荡"的过去相比，此时期的宇宙极其缺乏活力。宇宙真的会演化到如此吗？或许这只是目前理论所限的推测结果。

主要参考文献

1. 胡中为.普通天文学[M].南京：南京大学出版社，2003.

2. 胡中为，萧耐园，朱慈墭.天文学教程（上下册）[M].北京:高等教育出版社，2003.

3. 胡中为，徐伟彪.行星科学[M].北京:科学出版社，2008.

4. 胡中为.新编太阳系演化学[M].上海:上海科学技术出版社，2014.

5. 胡中为.美妙天象：日全食[M].上海:上海科学技术出版社，2008.

6. 皮特森.宇宙新视野[M].胡中为，刘炎，译.长沙：湖南科技出版社，2006.

7. 胡中为，严家荣.星空观测指南[M].南京：南京大学出版社，2003.

8. "10000个科学难题"天文学编委会.10000个科学难题：天文学卷[M].北京:科学出版社，2010.

9. 彩图科技百科全书（第一卷）宇宙[M].上海：上海科学技术出版社，上海科技教育出版社，2005.

注：本书还选用了一些其他人研究的成果资料。在此表示诚挚谢意！